Rechtssprüche

und

Gutachten der Juristen-Facultät

zu

Rostock.

Berlin,
Druck und Verlag von G. Reimer.
1846.

Inhalt.

VI.

1. Abschluß einer Einkaufscommission oder eines Kaufs. Vergleichung beider Geschäfte.
2. Der Commissionär hat zu beweisen, daß er den ihm ertheilten, auf Anschaffung und Ablieferung bedungener Waaren gerichteten Auftrag erfüllt habe, um die Annahme der Waaren und die Berichtigung der ihm erwachsenen Kosten von dem Committenten verlangen zu können
3. Die Annahme der Waaren befreit von dieser Beweislast, und den Empfänger trifft alsdann der Beweis der von ihm behaupteten Mängel. Der Transport der Waaren vom Schiff in den Speicher des Committenten beweist jedoch für sich allein deren Annahme nicht. Ebensowenig die Oeffnung der Kisten Zwecks Besichtigung. Eine Verpflichtung, den Gegner oder dessen Mandatar hiebei zuzuziehen, ist nicht vorhanden. Eine gesetzliche Frist zur Erklärung über die Annahme von Waaren existirt nicht. . . . . . S. 60.
4. Bein Handel nach Probe hat der Käufer (Committent) dieselbe nur dann aufzubewahren, wenn der Verkäufer (Commissionär) sie ihm zu dem Zweck eingehändigt, oder bei Vorzeigung der Probe deren Annahme von ihm verlangt hat. Ließ es der zur sorgsamen Aufbewahrung Pflichtige daran fehlen so trifft ihn der Beweis der Unprobemäßigkeit
5. Die dem Commissionär bis zum Beweis entgegenstehender Usance gebührenden 2 p. Ct. Provision sind von dem ganzen Facturabelauf zu berechnen
6. Die Verabredung, daß bei Absendung der Waaren deren Facturabelauf in dreimonatlichen Wechseln bezogen werden solle, setzt die Pflicht, ihn zu verzinsen, auf drei Monate hinaus.
7. Wer in den Verkauf streitiger von ihm detinirter Waaren salvo jure et processu willigt, verzichtet dadurch nicht auf den Ersatz der für die Waaren gemachten Verwendungen.
8. Wenn im Fall einer objectiven Klagenhäufung der Kläger mit seinen Ansprüchen nur theilweise obsiegt, so ist die Frage,

ob die Prozeßkosten zu vergleichen oder nach Quoten zu vertheilen seien, von der Individualität des Falles abhängig.

9. Die Bestimmung des Rostocker Stadtrechts Tl. 5. Tit. 8. Art. 8., daß Kostenvergleichung eintreten solle, wenn der Beweis durch Eideszuschiebung cum alia probatione geführt sei, bezieht sich auf einen Fall, wo mehrere Punkte zum Beweis verstellt sind und dieser bei einigen durch Eideszuschiebung, bei anderen durch sonstige Mittel geführt ward. Im Fall der Eideszuschiebung sine alia probatione ist die Kostenvergleichung keineswegs absolut ausgeschlossen, es soll die Eideszuschiebung allein keinen Grund zur Kostenvergleichung abgeben.

10. Die unrichtige Auffassung des Rechtstreits in einem rechtskräftigen Beweisinterlocut ist für die endliche Beurtheilung der Prozeßkostenfrage insoweit ohne Bedeutung, als dieselbe unabhänging von dem Ausfall der Hauptsache zu beantworten ist. . . . . S. 62.

VII.

1. Das Gericht hat seine Zuständigkeit von Amtswegen zu prüfen. Eine unrichtige Bezeichnung des gewählten Gerichtsstandes ist ohne Nachtheil. Die Grundsätze der libelli mutatio sind hier unanwendbar.

2. Der Kläger hat die Thatsachen, aus denen sich die Gerichtszuständigkeit beurtheilen läßt, anzugeben, nicht sofort zu beweisen. Der Beklagte muß sich hierüber erklären: im Unterlassungsfall trifft ihn insoweit der für die Klagbeantwortung angedrohete Rechtsnachtheil. J.=R.=A. §. 40.

3. Im Gerichtsstand der geführten Verwaltung können directae von und contrariae actiones wider den Geschäftsherrn angestellt werden.

4. Widerlegung der Ansicht Mühlenbruchs (Archiv f. civ. Pr. T. 19. Nr. 18.) über den Rechtsgrund des forum contractus. Andere Ansichten, und deren Anwendung auf den vorliegenden Fall . . . . S. 121.

5. Zur Begründung des forum contractus sind persönliche Anwesenhet oder Vermögensbesitz im Gerichtsbezirk nicht erforderlich. Erklärung von c. 1. §. 3. de foro comp. in 6to. 2, 2.
6. Das forum contractus wird durch einen persönlich befreiten Gerichtsstand nicht ausgeschlossen. . . . . . . S. 122.

VIII.

Welches Recht hat der Eigenthümer eines Hauses an dem vor solchem befindlichen Trottoir? Eigenthum? Niesbrauch? Interdictum ne quid in loco publico fiat; auch restitutorisch. . . . . S. 147.

IX.

1. Die Berechnung der Appellationssumme bei der negatoria actio ist von dem Werthe des beeinträchtigten Eigenthums nicht abhängig. §. 145. der Prozeßordnung für die Untergerichte des Königreichs Hannover. Präjudiz des Königl O.=A.=Gerichts vom 29sten Juli 1843.
2. Die Androhung der Strafe des Ausschusses ist bei Beweisfristen nicht erforderlich. §. 65. der Prozeßordnung.
3. In den Voracten enthaltene Beweismittel, deren Werth im Beweisinterlocut nicht ausdrücklich aberkannt wurde, können zur Führung des in demselben normirten Beweises noch benutzt werden.
4. Bei polizeilichen Protocollen müssen die für gerichtliche gegebenen Vorschriften beobachtet sein, wenn sie in einem Civil=Rechtsstreit die Beweiskraft einer öffentlichen Urkunde genießen sollen. § 22 der Prozeßordnung. . . S. 158.

X.

In das Lehen erben auch in Mecklenburg nur die Söhne, nicht die Töchter. Gegen von Kamptz. . . . . . . S. 168

XI.

1. Wenn in Ansehung einer zum Beweis verstellten Injurie aus der Beweisführung sich ergiebt, daß eine ähnliche, aber geringere Injurie zugefügt sei, so muß lediglich der Inhalt des Beweisinterlocuts bei Abfassung des Endurtheils zur Norm dienen, und es ist unzulässig dasselbe auf die geringere Injurie zu richten, unter Vergleichung der Kosten wegen Zuvielforderung.
2. Das sogenannte beneficium restitutionis in integrum wider die Präclusivkraft der Beweisfrist (Pr. O §. 68. vgl §. 36.) cessirt, sobald ein rechtskräftiges Erkenntniß über das Resultat der Beweisführung ergangen ist.
3. Ein nothwendiger Eid kann nach Pr. O. §. 101. §. 105. z. E. §. 153. Nr. 3. nicht durch neuaufgefundeue Beweismittel, sondern, wie der freiwillige, nur durch Meineidsbeweis angefochten werden. . . . . S. 197.
4. Es ist unzulässig, wider ein in weiterer Instanz ergangenes abänderndes Erkenntniß bei dem Richter erster Instanz um Wiedereinsetzung in den vorigen Stand zu bitten, nach gemeinem Recht, wie nach Pr. O. §. 155
5. Das Rechtsmittel der Wiedereinsetzung in den vorigen Stand gegen rechtskräftige Erkenntnisse ex capite novorum gehört dem Reichsgerichts-, nicht dem gemeinen deutschen Civilprozeß an.
6. Die zur Begründung des Rechtsmittels der Wiedereinsetzung in den vorigen Stand nach Pr. O §. 153. Nr. 1. zulässigen neuen Thatumstände dürfen auch durch nicht schriftliche Beweismittel dargethan werden. . . . . . . S. 198.

I.

1. Wer den Abschluß eines Rechtsgeschäfts zugesteht, und behauptet, daß es an eine Bedingung geknüpft sei, hat im Leugnungsfall dieselbe zu beweisen, die Bedingung mag auflösend oder aufschiebend sein.

2. Der Handel auf Besicht enthält im Zweifel eine aufschiebende Bedingung. Auf eine auflösende läßt sich aus der Uebergabe des Kaufobjects nur dann schließen, wenn sie in der Absicht geschah, das Rechtsgeschäft zu erfüllen.

3. Das Vorhandensein früherer günstiger Entscheidungen kann eine Vergleichung der in der Rechtsmittelinstanz erwachsenen Kosten zur Folge haben.

A. Geschichtserzählung.

Der Kläger fordert den Preis eines an den Beklagten am 3ten Mai 1843 verkauften und überlieferten Fuchswallachs mit 45 Thlr., 32 ßl. n. ⅔ Halftergeld, nebst Verzugszinsen seit Insinuation der Klage, und Prozeßkosten.

Der Beklagte erwidert: „Richtig ist, daß ich mit dem Kläger zur angegebenen Zeit über einen Fuchswallach gehandelt und contrahirt habe, so wie, daß mir das Pferd gleicherzeit überliefert ward. Ich leugne indeß den reinen und unbedingten Abschluß des Kaufcontrakts. Es wurde demselben die vom Gegner aus freiem Antrieb proponirte Modification hinzugefügt:

ich solle das Pferd mitnehmen, um mich zu überzeugen, ob es gut und brauchbar sei; gefalle es mir nicht, so solle ich es zurücksenden, und der Handel sei dadurch aufgehoben.

Der so geartete Abschluß des Kaufs kann durch Zeugen erwiesen werden."

Beklagter habe sich bald von der Unbrauchbarkeit des Pferdes überzeugt, es am 13ten Mai 1843 vom Thierarzt untersuchen lassen, und dieser dasselbe für dumm erklärt. Das Thier sei nun sofort dem Kläger mit der Erklärung zurückgesandt, daß Beklagter „vom Handel zurücktrete;" Kläger habe jedoch die Annahme verweigert. Beklagter bittet um Abweisung der Klage und um Erstattung der Kosten.

In der Replikenschrift wird in Abrede genommen, daß dem Kauf die behauptete Modification, deren Existenz der Beklagte zu beweisen habe, hinzugefügt sei, und der Einwand des Verzichtes entgegengestellt, darauf basirt, daß Beklagter nach Abschluß des Vertrages dem Kläger seine Zufriedenheit mit dem Pferde mehrmals zu erkennen gegeben habe. Die Weigerung das Pferd zurückzunehmen ist zugestanden: geleugnet wird dagegen, daß dasselbe beim Abschluß des Kaufs an Dummheit gelitten habe.

Die Duplikenschrift enthält die Ausführung, Kläger müsse den unbedingten Abschluß des Vertrages erweisen, so wie eine Verwahrung dagegen, daß die Replik des Verzichtes, deren factische Grundlage geleugnet ist, zugelassen werde, deshalb, weil dieselbe eine Veränderung des Klagegrundes enthalte.

Das Urtheil des Ober-Gerichts vom 23sten November 1843 verurtheilt den Beklagten der Klagebitte gemäß, falls er nicht entweder die dem Vertrage seiner Angabe nach beigefügte Bedingung, oder die Dummheit des Pferdes beim Abschluß des Kaufs bewiese, und gestattet dem Kläger den Beweis der Replik des Verzichtes wider die erste Alternative: unter Bezugnahme auf die Ansicht der Rechtslehrer, welche für die Regulirung der Beweislast zwischen dem Fall einer Suspensiv- und Resolutiv-Bedingung unterscheiden, von denen die letztere hier vorliege.

Der Beklagte beschwerte sich nun im Wege der Restitution darüber, daß ihm der Beweis der Bedingung auferlegt, sowie dem Gegner der seiner Replik nachgelassen sei, und das hierauf ergangene Erkenntniß der Justiz-Canzlei zu Schwerin vom 18ten Mai 1844 fand die Beschwerden begründet, hob die gedachten Beweise, unter Verurtheilung des Klägers in die Kosten der Restitutions-Instanz, auf, und legte dem Kläger den Beweis auf:

> daß der Beklagte von ihm am 3ten Mai 1843 — den fraglichen Fuchswallach für 45 Thlr. 32 ßl. gekauft habe.

Denn es sei anzunehmen, daß der Kauf unter einer Suspensiv-Bedingung abgeschlossen sei, da Beklagter den reinen und unbedingten Abschluß desselben geleugnet habe, wonach die folgenden zweifelhaften Worte „und der Handel sei damit aufgehoben," so verstanden werden müßten: daß der nur bedingt abgeschlossene Handel als nicht perfect geworden angesehen werden solle. Den Kläger treffe demnach der Hauptbeweis, und der Beklagte habe das Recht seinen eigentlichen Gegenbeweis auf die von ihm behauptete Art des Handels zu richten: die Replik des Klägers enthalte hienach einen in replicis vorgetragenen und daher in diesem Rechtsstreit unbeachtlichen Klaggrund.

Wider den ganzen Inhalt dieses Urtheils ergreift nunmehr der Kläger das Rechtsmittel der Restitution, indem er Wiederherstellung des ersten Erkenntnisses und Verurtheilung des Beklagten in die Kosten beider Restitutions-Instanzen verlangt.

B. Rechtliche Beurtheilung.

Die beiden früheren Urtheile stimmen in den Rechtsgrundsätzen überein. Wer, aus einem Rechtsgeschäfte belangt, dessen Abschluß jedoch unter einer, vom Gegner geleugneten, Bedingung zugesteht, hat deren Beweis zu führen, wenn sie auflösend ist, wenn aufschiebend, so trifft den Gegner die Verpflichtung zum Beweis des unbedingten Abschlusses. Sie unterscheiden sich in der Beurtheilung der Thatsachen. Das erste faßt sie als Resolutiv-, das zweite als Suspensiv-Bedingung auf. Läßt sich nun darthun, daß die Bedingung, gleichgültig ob auflösend oder aufschiebend, stets von dem zu erweisen ist, welcher ihre Existenz behauptet, ingleichen, daß die vorgetragenen Thatumstände als Resolutiv-Bedingung aufzufassen sind, so ist damit die Wiederherstellung des ersten Urtheils nach allen Seiten hin gerechtfertigt.

1) Wer den Abschluß eines Rechtsgeschäfts zugesteht, und behauptet, daß es an eine Bedingung geknüpft sei, hat im Leugnungsfalle dieselbe zu beweisen.

Die Lehre von der Beweislast soll den Sinn des Satzes, daß der Kläger den Grund seiner Klage, der Beklagte den seiner Einrede zu beweisen habe, entwickeln.

Dieses geschieht jedoch nicht durch die Umschreibung, daß der Kläger alle Thatsachen beweisen müsse, welche als wesentliche Voraussetzungen des von ihm behaupteten Rechts juristisch anzusehen sind. Denn es kommt nicht an auf den Beweis der in abstracto oder generell wesentlichen Erfordernisse, sondern auf den Beweis der dem in Rede stehenden Rechtsgeschäft eigenthümlichen, der concret wesentlichen Erfordernisse. Wer jenen Beweis für nothwendig hält, würde zugeben müssen, daß der Kläger aus einem Kauf-Kontrakt die Abwesenheit eines wesentlichen Irrthums und ähnlicher Mängel darzuthun habe, da ein solcher Irrthum alle Uebereinstimmung ausschließt, und so den Begriff eines Vertrages vernichtet. Allein man nimmt durchgängig an, nicht der Kläger habe das Nichtvorhandensein, sondern der Beklagte, welcher sich auf einen derartigen Mangel beruft, habe dessen Existenz darzuthun. Der Grund liegt darin, daß die Abwesenheit des Irrthums zu den Erfordernissen eines jeden Vertrags und nicht in die besondere Sphäre eines Kauf-Kontrakts gehört. Der gleiche Grund tritt bei Bedingungen ein. An sich können dieselben nicht zu den wesentlichen oder natürlichen Bestandtheilen eines speciellen Rechtsgeschäfts gezählt werden, sondern nur unter die zufälligen. Niemand wird wohl in dem Fall, wo ein Beklagter schlechthin die Existenz eines ihn verpflichtenden Kauf-Kontraktes leugnet, und mithin implicite alle die Momente in Abrede genommen sind, welche juristisch als wesentliche Bestandtheile des Vertrags angesehen werden müssen, auf den Gedanken kommen, dem Kläger außer dem Beweis von Gegenstand und Preis noch den aufzulegen, daß das Geschäft unbedingt abgeschlossen sei. Der Grund hievon kann möglicherweise nur darin liegen, daß die Bedingt- oder Unbedingtheit eines Geschäfts nicht zu dessen wesentlichen Erfordernissen gehört. Alsdann aber ist es unbegreiflich, wie dadurch, daß ein Beklagter einseitig die Bedingtheit eines in allen übrigen Beziehungen anerkannten Kauf-Kontraktes behauptet, die juristische Eigenschaft einer Thatsache verändert, und ein an sich nicht wesentlicher Punct zu einem wesentlichen Theil des Geschäftes erhoben werden kann. Denn die Klagbeantwortung entscheidet doch nur darüber, welche juristisch relevante Behauptungen der Kläger zu beweisen, nicht aber auch darüber, was er zu behaupten hat. Die Erklärung, daß eine Bedingung beigefügt sei, enthält also die Behauptung einer selbstständigen Thatsache, durch welche die gegnerische Forderung beseitigt werden soll. Deren Beweis hat derjenige zu führen, welcher sie für seine Zwecke anführt, nachdem der Gegner zuvor den Beweis des von ihm behaupteten Rechtsgeschäftes geliefert hat.

Dieser Beweis kann, wie man allgemein annimmt, durch eine fehlerfreie Urkunde geführt werden, welche die Eingehung des Vertrags bezeugt, ohne einer beigefügten Bedingung Erwähnung zu thun. Durch ein solches Document wird bekanntlich kein höherer Grad juristischer Wahrheit erzielt, als durch ein gerichtliches Geständniß. Da es nun möglich ist, daß eine Bedingung dem Geschäft beigefügt ward, ohne daß jene Urkunde sie erwähnt, und jedenfalls das Nichtvorhandensein der Bedingung aus dem Document nicht hervorgeht, so ist es ein Widerspruch, anzunehmen, daß durch diese der Beweis des Geschäfts geführt sei, nicht aber durch ein gerichtliches Geständniß, mit welchem die Behauptung des bedingten Abschlusses verbunden ist, deren Beweis nach obiger Ausführung der zu liefern hat, welcher sie aufstellt. In dem vorliegenden Fall nun liegt ein Geständniß des Beklagten über die wesentlichen Punkte eines Kauf-Kontraktes, Gegenstand und Preis, in den Acten: der in dem zweiten Urtheil auferlegte Beweis, insofern man nicht unzulässigerweise das Wort „unbedingt" in dem Thema subintelligiren will, ward also auf, unter den Parteien unbestrittene Thatsachen gerichtet.

Daneben ist es ausgemacht, daß durch besondere Uebereinkunft der Contrahenten ein zufälliger Umstand, also namentlich eine Bedingung, zu einem wesentlichen Bestandtheile eines be- oder entstehenden Rechtsverhältnisses erhoben werden kann. Ist dies geschehen, so muß eine derartige nunmehr wesentliche Thatsache, z. B. der Eintritt einer Bedingung, von der Partei behauptet und nöthigenfalls erwiesen werden, welche Rechte daraus ableitet. Hierin ist der Anlaß zu der entgegengesetzten Theorie zu suchen, welche von der an sich unzweifelhaften Ansicht ausgeht, daß aus einem bedingten Vertrage vor Eintritt der Bedingung nicht geklagt werden kann. Allein daraus, daß eine unbestrittene Thatsache eine gewisse Folge hat, läßt sich unmöglich die Frage beantworten, wer den Beweis der Thatsache führen müsse, wenn sie bestritten wird. In jenem Fall stimmen die Parteien überein, daß das Geschäft an eine Bedingung geknüpft sei, und deshalb können Rechte aus demselben erst dann abgeleitet werden, wenn die Existenz der Bedingung behauptet und erforderlichen Falles bewiesen ist. In diesem wird dasselbe Resultat beabsichtigt durch die von einer der Parteien aufgestellte Behauptung der beigefügten Bedingung: das Resultat kann aber erst dann eintreten, wenn diese Behauptung von demjenigen erwiesen ist, welchen, nach den oben entwickelten allgemeinen Grundsätzen, die Beweislast trifft.

Aus dieser Darstellung erhellt zugleich, daß kein Grund

vorhanden ist, zu unterscheiden zwischen auflösenden und aufschiebenden Bedingungen, und bei diesen, ob sie bei oder nach Abschluß des Geschäfts hinzugefügt wurden.

Nach den entwickelten Grundsätzen, welche besonders in neuerer Zeit Vertreter gefunden haben [1]), hat das Collegium mehrfach erkannt [2]).

2) Die in Rede stehende Nebenberedung ist als Resolutivbedingung aufzufassen.

Ueber die Frage, ob ein Handel auf Besicht eine aufschiebende oder aufhebende Bedingung enthalte, wird zunächst die Wortfassung entscheiden. Die Nebenberedung nun ist vom Beklagten wörtlich angegeben. Sie wird mithin als Grundlage für die Erklärung dienen müssen, und nicht das ihr zufällig vorangehende Ableugnen eines reinen und unbedingten Abschlusses. Denn, abgesehen davon, daß dasselbe mit der Annahme einer Resolutiv-Be-

---

1) Z. B. Gesterding im Archiv für civ. Prax. Bd. 2. S. 217 bis 227. — Bethmann-Hollweg Versuche S. 354. Nr. 2. — Kierulff Civilrecht Bd. 1. S. 299. Not. Nachschrift. Weitere literarische Nachweisungen finden sich bei Wilh. v. Pufendorf Observationen. Celle 1841. Nr. 6. und Hänel in der Zeitschr. f. C.-R. u. Pr. N. F. Bd. 1. S. 388. Not. 1., welcher die Frage der Beweislast bei aufschiebenden Bedingungen nach den Gattungen der Rechtsgeschäfte beurtheilt, und bei doppelseitigen den für pflichtig hält, welcher die Bedingung behauptet. Pufendorf dagegen unterscheidet in alter Weise zwischen anfschiebenden und auflösenden Bedingungen, mit Bezugnahme auf ein Präjudiz des O.-A.-Gerichts zu Celle von 1835. Die Justizcanzlei zu Göttingen dagegen reformirte in Sachen v. Kapff wider Brüning im Jahre 1834 ein Erkenntniß des dasigen Stadtgerichts, welches dieselbe Unterscheidung befolgt hatte, im Sinn der oben vertheidigten Ansicht.

2) 1843 Nr. 1. Gills wider Hofmeister (Grevismühlen, J.-C. zu S.); 1843 Nr. 3. Buddi wider Becker, Obergericht u. J.-C. zu R.

dingung nicht unvereinbar ist, so kann doch dieses Leugnen nur darüber Aufschluß geben, wie Beklagter derzeit den Inhalt jener Beredung auffaßt. Geht man aber von dieser aus, so weisen die Worte „und der Handel sei dadurch aufgehoben" deutlich auf einen Handel mit beigefügter Resolutivbedingung hin, und es ist kein Grund vorhanden, ihnen nur den unbestimmten Sinn beizulegen, der Handel sei nicht perfect geworden. Auch wird diese Auffassung durch die nachfolgende Angabe „Beklagter habe dem Kläger seinen Rücktritt vom Handel erklären lassen" unterstützt. Denn die Ausdrücke „den Handel aufheben" oder „von ihm zurücktreten" sind mit der Redensart „den Handel rückgängig machen" völlig gleichbedeutend, und daß letzterer entschieden auf eine Resolutivbedingung hinweise, steht überall nicht zu bezweifeln [1]). Zu dem gleichen Resultate würde die Rechtsansicht führen, daß ein Zweifel für eine aufhebende, nicht für eine aufschiebende Bedingung zu präsumiren sei [2]), oder doch wenigstens alsdann, wenn die Sache sofort dem Erwerber übergeben ward [3]), wie hier nach einstimmiger Angabe der Parteien geschehen ist. Allein jene allgemeine Präsumtion ist in den Rechten nicht begründet, und bei dem vorliegenden Handel auf Besicht insbesondere streitet im Zweifel die Vermuthung für eine Suspensiv-Bedingung [4]). Auch enthält die zweite Ansicht keine vollständige Berichtigung der ersteren. Die Uebergabe allein genügt nicht, da deren Gründe sehr mannigfach sein können. Sie muß geschehen sein in

---

1) Cropp in Heise und Cropp's Abh. Bd. 1. S. 191. §. 2. z. E.

2) Thibaut P.-R. 8. A. §. 89. (121) z. E.. Wening C.-R. von Fritz I, 135 Not. y, z.

3) Cropp a. a. O. S. 193. Not. 13.

4) l. 1. pr. D. de periculo et commodo. 18. 6.

der Absicht, das Rechtsgeschäft zu erfüllen [1]). Diese Absicht wird in der Regel nicht in Worten ausgesprochen, sondern aus den Umständen zu entnehmen sein. So offenbar in allen den Fällen, in welchen das römische Recht aus der Uebergabe einen Schluß auf eine Resolutivbedingung zuläßt [2]). Läge daher in dem vorliegenden Fall nur die Uebergabe des Pferdes vor, so würde aus ihr an sich nichts zu schließen sein, da sie verschiedene Zwecke haben konnte: in Verbindung aber mit dem Inhalt der Beredung kann die Absicht, daß sie zur Erfüllung des Kaufes geschah, nicht weiter bezweifelt werden.

In der Hauptsache ist demnach das Gesuch des Klägers in dieser Instanz begründet, nicht so in Ansehung der Prozeßkosten. Denn:

3) Das Vorhandensein früherer günstiger Entscheidungen kann, und muß im vorliegenden Falle, eine Vergleichung der in der Rechtsmittelinstanz erwachsenen Kosten zur Folge haben.

Die ältere Praxis, geleitet durch die Vorschriften der sächsischen Prozeßordnungen, stellte den unbedingten Grundsatz auf, daß das Vorhandensein eines früheren abweichenden Urtheils eine Vergleichung der Kosten in der Instanz der Rechtsmittel nothwendig veranlasse. Ihr folgte in der Theorie die umgekehrte Ansicht, welche jenen Umstand für bedeutungslos erklärt, und dem Unterliegenden, beim Mangel anderer Gründe, stets die Kosten aufbürdet. Diese Theorie hat sich allmählig bei den Gerichten Eingang zu

---

1) Thöl's H.-R. §. 71. V.

2) l. 8. vgl. mit l. 1. §. 3. D. de jure dotium 23. 3. l. 1. §. 2. D. pro dote 41. 9. (Der Fall einer vor Eingehung der Ehe übergebenen dos). — l. 1. D. de lege commissoria 18. 3. (lex commissoria). l. 2. §. 4. D. pro emtore 41. 4. (in diem addictio).

verschaffen gewußt. Auch in hiesigen Landen soll „nach fester übereinstimmender Ansicht der Obergerichte das Dasein eines günstigeren Erkenntnisses keinen Grund zur Kostencompensation abgeben" [1]), und das Ober-Appellationsgericht hat, im Jahre 1826, die von ihm in einem Falle, wo frühere günstige Entscheidungen vorlagen, neben einer abändernden Entscheidung ausgesprochene Verurtheilung in die Kosten dadurch gerechtfertigt, „daß nach der bei ihm angenommenen Theorie, ungeachtet der Rechtsfall nicht zweifellos sei, und keine besondere temeritas litigandi vorliege, schon der verschuldete Schaden zum Kostenersatz verpflichte, und dieser bei einem error in jure stets erfindlich sei, selbst dann, wenn die Richter früherer Instanzen gleichmäßig sollten geirrt haben [2]). Eine feste Ansicht der Obergerichte über diese Frage existirt jedoch nicht [3]), und die Ansichten des höchsten Gerichts können alsdann nicht in Betracht kommen, wenn bei einem Mittelgerichte sich bereits eine Praxis gebildet hat. Das Spruchcollegium hat nun in früherer Zeit [4]) das Vorhandensein einer voraufgehenden günstigen Entscheidung als einen Grund zur Kostenvergleichung aufgefaßt, und ist dieser Ansicht auch später im Ganzen treu geblieben [5]). Und mit Recht.

---

1) Trotsche Materialien S. 146. Not. 8.

2) v. Nettelbladts Rechtssprüche Bd. 3. S. 63. Nr. 5.

3) Die Justiz-Canzlei zu Rostock reformirte in Sachen Lamprechts contra Meyer am 10ten Januar 1839 einen Bescheid des Amtsgerichts zu Rühn vom 16ten Februar 1838 und verglich die Kosten.

4) Eschenbach sagt in einer Recension der Schrift von Weber über die Prozeßkosten z. E. (in den ungedruckten Annalen der Rostocker Academie): „daß die Rostocker Juristenfacultät den in dieser Schrift enthaltenen Grundsätzen bis dahin nicht gefolgt sei."

5) So, 18$^{30}/_{31}$ Nr. 15. in S. Schüneman wider Haveman (Neu-

Zwar ist die Verbindlichkeit zum Kostenersatz aus dem Gesichtspunkt eines widerrechtlich zugefügten Schadens zu beurtheilen, und diese Verpflichtung wird durch den Umstand, daß der Unterliegende Ansichten der Rechtslehrer oder Präjudicien für sich hat, an sich nicht aufgehoben. Allein anfechtbare Urtheile lassen sich mit dem Angeführten nicht auf eine Stufe stellen. Durch Anordnung der Gerichte erklärt der Staat, daß dieselben des Rechtes und dessen Anwendung auf die zur Beurtheilung vorgelegten streitigen Thatsachen kundig sind. Unrichtigen Rechtsdeductionen der Parteien kann daher an sich kein Einfluß auf die Fällung des Urtheils zugeschrieben werden, sondern nur dem, nicht etwa anderweit entschuldbaren, Vortrag unrichtiger Thatsachen. Daraus folgt, daß ein auf solche, nicht aber ein auf falsche Rechtssätze oder deren Anwendung basirtes Erkenntniß die betreffende Partei für die, auf dessen Aufhebung verwandten Kosten verantwortlich macht. Und ferner, daß man vermuthen muß, ein Urtheil sei den Rechten gemäß. Der Sieger handelt also in seinem Rechte, wenn er dasselbe vertheidigt, und es ist keine unjuristische Ansicht, daß man von einem streitenden Theile nicht füglich verlangen könne, die Vortheile eines günstigen Erkenntnisses freiwillig aufzugeben — es wäre denn, daß das Vorbringen falscher Thatumstände dasselbe veranlaßt hätte. Hebt nun ein späteres Urtheil das frühere wegen unrichtiger Auffassung oder Anwendung des Rechts wieder auf,

buckow, J.-Canzlei zu R.); $18^{31}/_{32}$ Nr. 58. Kloster Dobbertin wider Dohms (J.-Canzlei zu G.); $18^{32}/_{33}$ Nr. 24. Aschberg wider Paetow (Hirschberg, J.-Canzlet zu R.); 1839 Nr. 7. Schoof wider Schoof (Gericht und Obergericht zu R.). Endlich ward in der Note 2 genannten Sache, 1839 Nr. 11., die einzige, auf Kostencompensation gerichtete, Beschwerde von dem Spruchcollegio verworfen.

so stellt sich die Existenz des früheren, in sofern dessen Verfassern, oder der Partei, zu deren Gunsten gesprochen ist, sonst nichts zur Last fällt, als ein durch die Unvollkommenheit menschlicher Geisteskraft entstandener Zufall heraus, dessen Folgen jede Partei gleichmäßig zu tragen hat.

Wollte man indessen, im Widerspruch mit obiger Entwicklung, die Partei in allen Fällen für ein ihr günstiges, anfechtbares, Urtheil verantwortlich machen, so fehlt doch auch so noch viel daran, daß ein abänderndes Erkenntniß stets die Verurtheilung des Unterliegenden in die Kosten der Rechtsmittel-Instanz zur Folge haben müßte. Der frühere Ausspruch wird keineswegs stets deshalb aufgehoben, entweder weil er auf Unrichtigkeiten in Thatsachen gestützt ist, oder weil eine falsche Bestimmung des Rechts dabei zum Grunde liegt. Theils nämlich kann es vorkommen, daß die Thatsachen, z. B. ein Vertrag, sehr verwickelter Natur sind, und beide Theile in dieser Beziehung ein Verschulden trifft; theils ist es möglich, daß es sich handelt um die Anwendung schwankender Rechtssätze. Eine solche Unsicherheit wird namentlich oftmals vorkommen bei dem auf dem Wege wissenschaftlicher Deduction gewonnenen Recht, wohin z. B. die Lehre von der Beweislast zu rechnen ist, bei welcher die Verschiedenheit der Resultate nothwendig durch die Vordersätze bedingt ist, von welchen ausgegangen wird. Tritt nun der Fall ein, daß in Betreff derselben Frage von den verschiedenen Landesgerichten entgegengesetzte Grundsätze befolgt werden, so fällt damit jedwede Verschuldung einer Partei, die von einer dieser Auffassungsweisen Gebrauch macht, hinweg.

Aus diesem Allen aber ergibt sich, daß die Frage, ob ein abänderndes Erkenntniß die Vergleichung der in der Rechtsmittel-Instanz erwachsenen Kosten auszusprechen habe, nicht durchgängig bejaht werden kann, vielmehr stets von dem concreten Fall abhängig ist.

In dem Vorliegenden nun hat das zweite Urtheil theils unhaltbare Ansichten über die Beweislast befolgt, theils die Thatsachen unter das Recht unrichtig subsumirt, und über die Beweislast in Betreff aufschiebender und auflösender Bedingungen befolgen die Spruch-Behörden des Landes entgegengesetzte Grundsätze [1]). Hierdurch ist der vorstehenden Ausführung zufolge die Vergleichung der Kosten beider Restitutionsinstanzen gerechtfertigt. —

---

1) Wie außer dem gegenwärtigen Fall auch aus 1844 Nr. 3. Buddi wider Becker (Obergericht und Justiz-Canzlei zu R.) erhellt.

II.

1. Der Umstand, daß der Schuldner den Schuld- oder Hypothekenschein besitzt, bewirkt für sich allein nicht die Rechtsvermuthung, daß die Schuld getilgt sei.

2. Die Rückgabe des Schuldscheins vom Gläubiger an den Schuldner begründet nicht bloß die Rechtsvermuthung, daß die Schuld bezahlt sei, sondern die allgemeinere, daß der Gläubiger den Schuldner aus dem Rechtsverhältniß, worüber die Verschreibung lautet, nicht in Anspruch nehmen wolle.
(l. 2. §. 1. D. de pactis. 2. 14.)

3. Das Pfandrecht ist durch die Stadtbuchordnung vom 22. December 1829 nicht zu einem selbstständigen dinglichen Recht erhoben, sondern hat die Natur eines accessorischen Rechts zur Sicherung einer obligatio behalten.

A. Geschichtserzählung.

Der Bürger Lange zu Rhena verlangt mittelst einer bei dem Großherzoglichen Amtsgericht zu Zarrentin am 31sten October 1842 eingereichten Klage von dem Erbpächter Jörß zu Schaalhof und dem Schulzen Gattermann zu

Cölzin, als Vormündern der minderjährigen Kinder und Erben seines Bruders, des verstorbenen Erbpächters Friedrich Lange zu Cölzin, eine Erklärung zur Tilgung der für diesen Bruder auf das dem Kläger bis dahin zubehörige, in der sogenannten Bülower Straße zu Rhena belegene Wohnhaus, in Folge Schuldverschreibung de term. Johannis 1839 unterm 9ten November 1843 eingetragenen 200 Thlr. n. ⅔, und Erstattung der Kosten, indem er als Anlaß der Intabulation Folgendes angibt:

Antoni 1839 habe er seinen Bruder um ein Darlehn von 200 Thlr. n. ⅔ ersucht, und von diesem eine abschlägige Antwort erhalten, jedoch mit dem Anerbieten, das Geld gegen Ausstellung einer Schuldverschreibung zu negociiren. Mit Klägers Einwilligung habe nun F. Lange eine auf ihn lautende Schuldverschreibung d. d. Rhena term. Johannis 1839 über 200 Thlr. n. ⅔, jährlich mit 4 p. Ct. verzinsbar, unter Vorbehalt halbjähriger Kündigung für beide Theile, aufgesetzt, Kläger dieselbe unterschrieben, und sein Bruder solche in Empfang genommen. Die Zahlung sei jedoch nicht erfolgt, vielmehr der älteste Sohn seines Bruders zwischen Michaelis und Weihnachten 1839 nach Rhena gekommen, habe im Auftrag des letztern die Schuldverschreibung zurückgebracht, und ihm dabei eröffnet: sein Vater habe so auf dieselbe kein Geld anschaffen können, und wünsche, daß Kläger das Capital zu Stadtbuch auf sein Haus intabuliren lasse; sobald dies geschehen, und das desfallsige Attest nebst Verschreibung seinem Vater überliefert wäre, solle das Geld erfolgen. Demgemäß habe Kläger die so zurückempfangene Verschreibung am 9ten November 1839 intabuliren lassen und die gesammten Papiere etwa 8 Tage vor Weihnachten 1839 nach Cölzin gebracht. Bei seiner Ankunft habe er den Bruder so krank vorgefunden, daß dieser einige Stunden darauf gestorben sei. An eine Regulirung des Schuldverhältnisses sei natürlich nicht zu denken gewesen, und auf desfallsige Anfrage vor seiner Abreise, nach der Beerdigung des Bruders, habe die Wittwe desselben erwidert: „daß sie von dergleichen noch nichts wissen möge.“ Er habe nunmehr auf den Rath des Bürgermeisters zu Rhena die Sache einstweilen ruhen lassen. Da jedoch inzwischen sein Haus von ihm verkauft sei, und der Käufer bis zur Tilgung der intabulirten 200 Thlr. vom Kaufgeld die gleiche Summe zurückhalte, so habe er die Vormünder der Erben seines Bruders durch vorstehende Thatumstände zur Abgabe der erforderlichen Erklärung zu bewegen gesucht; jedoch vergebens. Daher seine Klage, die er auf den Besitz des Schulddocuments und Hypothekenscheins, so wie auf die Rückgabe des ersteren stützt.

In den folgenden Verhandlungen ist der Schulze Gattermann allein als Beklagter aufgetreten. Dieser acceptirt das gegnerische Geständniß, daß Kläger sich im Besitz einer Schuld- und Pfandverschreibung befinde, aus welcher seinen Curanden eine Forderung von 200 Thlr., nebst Zinsen zu 4 p. Ct. seit term. Joh. 1839 zustehe, hält die Behauptung des Gegners, valuta nicht empfangen zu haben, derzeit theils wegen Zeitablaufs, theils deshalb für nicht mehr zu beachten, weil Kläger in dem zur Liquidation aller Forderungen an den Nachlaß des verstorbenen Lange anberaumten Termine bei Anmeldung der seinigen die gegenwärtige nicht erwähnt habe, läugnet dessen Behauptungen im Allgemeinen und deducirt, daß aus dem Besitz, resp. der Rückgabe der Verschreibung ein dem Kläger günstiger Schluß nicht zu ziehen sei. Er bittet daher um Abweisung der Klage und fordert als Widerkläger

Herausgabe der Schuldverschreibung nebst Hypothekenschein, so wie Verurtheilung des Gegners zur Zahlung der auf die Schuld seit term. Joh. 1839 rückständigen Zinsen und der gesamten Prozeßkosten.

Der Kläger hat die Nichtanmeldung seines Anspruchs in dem Liquidationstermin eingestanden — der Besitz der Urkunde befreie ihn von dieser Verpflichtung — und ebenso, daß er bis dahin auf die überall nicht existirende Forderung keine Zinsen bezahlt habe.

Auf Veranlassung einer Aufgabe des Gerichts an den Beklagten, Erkundigungen über die von dem Kläger behaupteten Thatumstände bei der Mutter der Curanden und dem ältesten derselben einzuziehen, hat der Vormund einen Brief des letztern d. d. Boitin 12. December 1842 eingereicht, worin es heißt:

> „ich kann die Versicherung geben, daß ich von der ganzen Sache nichts mehr weiß, da es schon bereits über 3 Jahre her sind, — obgleich ich mich wohl entsinne, daß ich eine Schrift von Cölzin nach Rhena an Onkel gebracht habe, und daß Onkel darüber erwas sagte — so wie auch Mutter nichts Bestimmtes darüber wird angeben können" —

und erklärt, daß die Mutter hiemit völlig einverstanden sei. Dagegen hat der Kläger einen Brief jenes Curanden vom 12. Februar 1843 zu den Acten gebracht, der eine Bestätigung sämtlicher relevanten, in der Klage vorgetragenen Thatsachen, insofern der Briefsteller sie aus eigener Wahrnehmung zu beurkunden vermag, enthält, und worin versichert wird, daß Kläger in der Zeit zwischen dem Besuch des Neffen in Rhena und dem Todestage seines Vaters nicht in Cölzin gewesen sei; schließlich auch die Ueberzeugung ausgesprochen ist, daß der verstorbene Lange, bei seinem damaligen schon kränklichen Zustande, an eine Zahlung der 200 Thlr. nicht gedacht haben werde, und die Intabulation ohne Grund geschehen sei.

Der Beklagte erwidert hierauf, daß dieses Schreiben seiner Fassung nach und wegen des Widerspruchs mit den ihm mündlich gemachten und obigen schriftlichen Aeußerungen des Curanden keinen Werth habe.

In einem Protocollarbescheid des Gerichts vom 24. Juli 1843 ist der Kläger mit der erhobenen Klage abgewiesen, und dem Gesuch der Widerklage gemäß, so wie in sämtliche Prozeßkosten, mit Ausnahme der durch einen vom Beklagten frustrirten Termin erwachsenen, verurtheilt.

Kläger legte dagegen am 6. August 1843 das Rechtsmittel der Appellation ein, beschwerte sich über die erfolgte Abweisung und Verurtheilung, hat das Rechtsmittel am 18. August 1843 bei G.=J.=Canzlei zu Schwerin eingeführt, und sind, nachdem die Acten erster Instanz eingegangen, auch die Rechtfertigung der Beschwerden am 6. September 1843 und deren Beantwortung von Seiten des Appellaten am 10. November 1843 erfolgt war, die Acten mittelst Beschlusses der G.=J.=Canzlei vom 7. Juni 1844 von Amtswegen versandt worden, da die Stimmengleichheit im Collegio nicht zu heben gewesen ist.

B. Rechtliche Beurtheilung.

Die Formalien des eingewandten Rechtsmittels sind nach §§. 17, 26 und 29 des Rechtsmittelsgesetzes gewahrt und die Beschwerden des Appellanten materiell begründet.

Der Kläger beabsichtigt die Tilgung einer auf sein Haus geschehenen hypothekarischen Eintragung. Zu dem Ende ist nach der Stadtbuchordnung §. 28 zweierlei erforderlich:

1. der Beweis entweder:
   a. daß die obligatio, für welche das Pfandrecht bestellt ward, nicht existent geworden; oder
   b. daß sie erloschen sei; oder
   c. daß der Gläubiger sein Recht aus der Eintragung aufgegeben habe.
2. entweder:
   a. die Reproduction des Hypothekenscheins mit den etwaigen Umschreibungsattesten, (vgl. V. v. 16. Febr. 1838 Nr. 8); oder
   b. die Nachweisung, daß deren Mortification erwirkt sei.

Von diesen Erfordernissen ist der Kläger im Stande, das Requisit 2. a. zu erfüllen, da er sich in dem Besitz des Hypothekenscheins befindet. Es handelt sich für ihn darum, den Beweis seiner Behauptung zu führen, daß die in Rede stehende obligatio nicht existent geworden sei (1. a.). Er vermöchte denselben zu erbringen durch das Geständniß seines angeblichen Gläubigers. Dieser weigert sich, ihm dasselbe abzulegen, und es fragt sich daher, ob Kläger berechtigt ist, von seinem Gegner die Abgabe der Erklärung, daß er nicht Gläubiger geworden sei, zu erzwingen. So lange sich der Gegner nicht irgend wie als Gläubiger gerirt hat, fehlt es hiefür im Weigerungsfall an einem Rechtsgrund. Dem Schuldner bleibt alsdann nur übrig, nach §. 30. 1. a. der St.=B.=O. auf den Grund des Besitzes des Hypothekenscheins Mortificationsproclame, und so die Erklärung seines Gegners darüber, ob er Gläubiger sei oder nicht, zu erwirken. Behauptet aber der Gegner, daß er Gläubiger sei, und dies kann im vorliegenden Fall, wenn man den Inhalt der Klage mit der Vernehmlassung vergleicht, nicht bezweifelt werden, so ist, bekannten Rechtsgrundsätzen zufolge, ein Jeder berechtigt, dasjenige, was ohne allen Grund aus seinem Vermögen in das eines Andern gekommen ist, mit der sine causa condictio zurückzufordern, und der Erfolg dieser Klage, wenn sie begründet und rechtlich erwiesen ist, wird der sein, daß der Beklagte verurtheilt wird, dasjenige, was er empfangen hat, zurückzugeben. Diese Zurückgabe wird aber in dem vorliegenden Fall entweder in der ausdrücklichen oder in contumaciam angenommenen Erklärung bestehen, das von ihm behauptete Schuldverhältniß existire nicht. Es fragt sich daher zunächst, ob das Vermögen des Beklagten bereichert sei. Diese Frage muß bejaht werden. Denn die Parteien stimmen darin überein, daß von Seiten des Klägers eine Intabulation von 200 Thlr. auf das Haus des Beklagten stattgefunden habe. Durch die geschehene Eintragung in das Stadtbuch wird aber nach §. 47 sowohl der rechtliche Bestand des eingetragenen Rechts, wie auch dessen Vorzug ein für allemal in unumstößliche Gewißheit gesetzt: und da die Wirkung dieser Eintragung nach §. 53 Abs. 1. erst durch die, bis dahin noch nicht beschaffte, Tilgung erlischt, so liegt mithin das erste Requisit der Condiction, ein datum, erwiesen vor. Es fragt sich nun ferner, ob dasselbe sine causa geschehen sei. Zur Beantwortung dieser Frage führt die Prüfung der Gründe, aus welchen Kläger das Nichtvorhandensein der Forderung herleitet, für welche das Pfandrecht constituirt ward. Er behauptet, valuta nicht empfangen zu haben, und läugnet damit, daß ein Darlehn contrahirt worden sei. Ist nun Kläger gegenwärtig, nachdem seit Ausstellung der Schuldverschreibung mehr als 3 Jahre und seit der Intabulation fast 3 Jahre verflossen sind, mit einer solchen Behauptung noch zu hören? Diese Frage muß im vorliegenden Falle nicht nach gemeinem Rechte, in welchem darüber gestritten wird, ob, wenn 2 Jahre seit Ausstellung einer Schuldverschreibung verflossen sind, der Schuldner noch berechtigt sei, den Beweis des nicht empfangenen Geldes zu führen, und eben so wenig nach V. vom 17. März 1838, (D.W. 14), sondern lediglich nach §. 36 Nr. 1 der St.B.O. entschieden werden. Hienach ist der Schuldner zum Beweise der nicht geschehenen Zahlung nur dann zu lassen, wenn er seine Behauptung binnen 30 Tagen nach der Intabulation zur Vermerkung angezeigt hat. Diese Vermerkung ist von dem Kläger überall nicht behauptet, und da das Gesetz nur in diesem einzigen Fall dem Schuldner den Beweis gestattet, valuta nicht empfangen zu haben, so ergibt sich daraus, daß der Kläger auf diesen Grund die Nichtexistenz der Forderung zu stützen nicht befugt ist. Auch vermag der Besitz der Schuldverschreibung und des Hypothekenscheins für sich allein hieran nichts zu ändern. Dieser Besitz begründet nemlich weder eine gesetzliche Vermuthung für die nicht erfolgte Zahlung, noch berechtigt er zu deren Beweise. Er hat nur Bedeutung als eins der Erfordernisse zur Tilgung und gibt die Berechtigung zur Mortification. Wenn aber — sei es in Folge erlassener Proclame oder anderweit — der Gläubiger seine Rechte geltend macht, so kann sich der Schuldner dadurch allein, daß er in dem Besitz der Papiere ist, den gegnerischen Ansprüchen nicht entziehen. Auch ist an diesen Grundsätzen durch die Instruction für die Stadtbuchbehörden vom 6. April 1840 Nr. 43 (D.W. Anl. zu Nr. 14) nichts geändert. Die hier verfügte Insinuation des Hypothekenscheins an den Schuldner hat keineswegs, wie Appellant vermeint, den Zweck, den Schuldner, bei etwa noch nicht erfolgter Zahlung, gegen den Gläubiger dergestalt sicher zu stellen, daß das Recht des letztern erst mit der Uebertragung dieses Besitzes seinen Anfang nähme. Das Recht beginnt nach §. 47 der St. B. O. mit dem Moment der Eintragung, und die Insinuation an den Schuldner hat, abgesehen davon, daß sie an diesen, als den Extrahenten der Verfügung, der Regel nach ohnehin geschehen mußte, vielmehr den Zweck, den Schuldner von dem Datum der Eintragung in Kenntniß und ihn so in den Stand zu setzen, im Fall nicht erfolgender Zahlung die Vormerkung zur Wahrung seiner Rechte rechtzeitig zu beschaffen.

Mit der Aufhebung der Einrede, daß die valuta nicht gezahlt sei, ist aber keineswegs die in l. 2. §. 1. D. de pactis 2, 14. (Paulus) enthaltene Rechtsvermuthung aufgehoben. Meistens wird dieselbe so aufgefaßt: der Beweis, daß der Gläubiger die Schuldverschreibung dem Schuldner zurückgegeben habe, befreie diesen von dem Beweise der Zahlung. Die Worte: si debitori meo reddiderim cautionem, videtur inter nos convenisse, ne peterem, profuturamque ei conventionis exceptionem placuit, haben indeß eine umfassendere Bedeutung. Aus der Rückgabe soll allgemein gefolgert werden, daß der Gläubiger den Schuldner aus dem Rechtsverhältniß, worüber die Verschreibung lautet, nicht in Anspruch nehmen wolle. Die Gründe, weshalb er dieses nicht will, können der mannigfachsten Art sein: sie können mithin unter Anderm auch darin liegen, daß ein wahres Schuldverhältniß unter den Parteien gar nicht bestanden hat, daß die Verschreibung ohne Grund ausgestellt war. Behauptet nun der Kläger, daß der älteste Sohn seines Bruders ihm den auf term. Joh. 1839 ausgestellten Schuldschein in dessen Auftrag nach Michaelis 1839 zurückgebracht habe; so liegt in dieser Rückgabe, wenn sie bewiesen ist, eine Rechtsvermuthung dafür, daß eine obligatio aus dem Darlehn zwischen beiden Brüdern nicht existire, und F. Lange keine weitern Rechte aus dem Schein in Anspruch nehmen wolle.

Eine Rechtsvermuthung kann durch Gegenbeweis beseitigt werden. Zu dem Ende fragt es sich, welche Bedeutung der am 9. November 1839 erfolgten Intabulation dieses Schuldscheins beizulegen ist.

Die Rückgabe des Scheins enthält keine Vermuthung dafür, daß die obligatio ipso jure null sei; sie gibt gegen die desfallsige Klage nur eine exceptio. Mit Recht könnte man nun in der später erfolgten Eintragung der Schuld einen Verzicht auf diese exceptio und den Beweis finden, daß die Rückgabe der Verschreibung nicht in der Absicht geschehen sei, um die aus ihr abzuleitenden Rechte aufzugeben. Allein neben der Rückgabe erfolgte von Seiten des Gläubigers das in der Klagschrift motivirte Verlangen einer Intabulation und das Versprechen der Zahlung, sobald die Verschreibung samt Hypothekenschein in seinen Händen sei; mithin die Erklärung, daß bis dahin ein Darlehnsvertrag zwischen ihnen nicht zu Stande gekommen sei, und das Versprechen, ihn einzugehen, sobald der Schuldner die Papiere überreichen würde. Entsprach derselbe nun diesem Verlangen, so kann darin kein Verzicht auf die aus der Rückgabe des Schuldscheins sich ergebenden Schlußfolgerungen, sondern nur eine Erfüllung der ihm zur Erlangung eines Darlehns gestellten Bedingung gefunden werden. Es ward also die Intabulation vorgenommen für eine nicht existirende Schuld, und es wäre, da Kläger den Hypothekenschein, nach dessen Auslieferung er das Geld versprochenermaßen erhalten sollte, noch in den Händen hat, vielmehr Pflicht des Beklagten gewesen, Thatsachen dafür anzuführen, daß die Zahlung erfolgt und die Schuld so zur Existenz gelangt sei. Dies ist aber von seiner Seite überall nicht geschehen.

Eine andere Auffassung der geschehenen Intabulation hängt mit der rechtlichen Bedeutung dieses Acts zusammen. Ist das durch die Eintragung begründete Pfandrecht noch gegenwärtig als accessorisches Recht einer obligatio anzusehen, oder hat es den Character eines selbstständigen dinglichen Rechts angenommen, dergestalt, daß durch die Eintragung die obligatio vertreten wird? Für die letztere Ansicht kann man sich auf die Worte der St.B.O. §. 50. 47 berufen: „daß der Inhalt des Stadtbuchs vollständigen Beweis liefere" und „daß durch die Eintragung in dasselbe der Bestand des eingetragenen Rechts in unumstößliche Gewißheit gesetzt werde." Dem widersprechen jedoch direct die zur Tilgung einer Intabulation in St.B.O. §. 28 Nr. 1 aufgestellten Erfordernisse. Sie wird zugelassen, wenn, außer dem Besitz des Hypothekenscheins, die Nachweisung erfolgt ist, daß „das eingetragene Recht" oder „die Hauptverbindlichkeit" nicht existent ward. Diese beiden Ausdrücke bezeichnen jedoch nicht etwa pignus oder obligatio, sondern nur die letztere. Denn wollte man jenes annehmen, so würde der Verzicht des Gläubigers als zweiter abgesonderter Tilgungsgrund in §. 28 Nr. 2. unerklärlich sein, da er in den Worten der Nr. 1. „oder auf irgend eine Weise erloschen ist" schon enthalten wäre. Es wird also die Möglichkeit anerkannt, einen von dem Stadtbuch unabhängigen Beweis der Nichtexistenz der obligatio zu führen, und so die Eintragung zu vernichten; womit natürlich der Satz umgestoßen wird, daß diese die Stelle der obligatio vertrete. Demnach sind die obigen scheinbar widerstreitenden Stellen von dem Bestande des Pfandrechts für sich allein zu verstehen, womit sowohl die folgenden Worte „als auch dessen Vorzug,“ insonderheit aber der Umstand übereinstimmt, daß bei den Requisiten zur Tilgung nur der Beweis, daß der Gläubiger verzichtet, nicht aber auch der, daß das Pfandrecht nicht existent geworden sei, gefordert wird. Zweifel kann dabei nur erregen, daß die Worte „das eingetragene Recht“ in §. 28 zur Bezeichnung der obligatio, in §. 47 zur Bezeichnung des Pfandrechts gebraucht werden; doch möge dieses um so mehr auf sich beruhen bleiben, als die Worte der ersten Stelle, wie gezeigt, ein müßiger Zusatz sind. Demzufolge hat das Pfandrecht durch die St.B.O. die Natur eines accessorischen Rechts nicht verloren, und die Eintragung für sich allein vermag einer nicht existirenden Forderung keine Realität zu geben.

Diesem Allen zufolge hängt die Durchführung der Klage von dem Beweise ab, daß F. Lange den Schuldschein mit dem Verlangen der Intabulation dem Kläger zurückgesandt habe. Dieser Beweis liegt bis dahin nicht in den Acten. Denn der Beklagte nimmt die Behauptungen des Klägers in Abrede, und der vom Beklagten anerkannte Brief seines ältesten Curanden vom 12. Febr. 1843 widerspricht zwar nicht absolut dem Schreiben desselben vom 12. Decbr. 1843, und ebensowenig können die nicht näher angegebenen Einwendungen gegen dessen Fassung in rechtliche Erwägung gezogen werden. Der Brief hat aber in einem gegen die Vormundschaft über sämmtliche von F. Lange hinterlassene Kinder geführten Prozesse nur die Bedeutung einer unbeschwornen schriftlichen Aussage eines dritten, und als solche keine beweisende Kraft. Gegen den auferlegten Beweis durfte der des Ausschlusses nicht nachgelassen werden. Denn abgesehen davon, daß in der Vernehmlassung die Thatumstände, aus denen die rechtliche Wirksamkeit einer in Betreff des von F. Lange nachgelassenen Vermögens erfolgten Edictalcitation und der darauf erfolgten Präclusion, beurtheilt werden könnte, nicht vollständig angegeben sind, so kann begreiflicherweise von einer Anmeldungspflicht bei einer rechtlich nicht existirenden Forderung überall nicht die Rede sein, und als solche stellt sich dieselbe heraus, sobald der dem Kläger auferlegte Beweis geführt ist.

Die erhobene Widerklage hängt von dem Erfolg der Vorklage ab, und die Vergleichung der in der Appellationsinstanz erwachsenen Kosten, mit Einschluß derjenigen, welche durch die von Amtswegen verfügte Actenverschickung entstanden sind, entspricht, bei dem, durch unrichtige Rechtsanwendung von Seiten des ersten Richters herbeigeführten Wechsel des Erkenntnisses, den von dem Spruch-Collegio in solchen Fällen von jeher befolgten Rechtsgrundsätzen.

III.

1. Der Correspondentrheder hat nicht die Befugniß ohne Erlaubniß der Mitrheder ein Schiff zu verfrachten.

2. Erklärung einer in Betreff der Frage, ob zu einer oder mehreren See-Fahrten Erlaubniß erbeten und gegeben sei, bestrittenen Missive.

3. Ein Mitrheder, welcher zu der an seinem Wohnort geschehenen officiellen Bekanntmachung des Abgangs eines Schiffes schweigt, genehmigt dadurch die von dem Correspondenten über dasselbe getroffene Disposition.

Der Kaufmann Winckelmann zu Rostock, Correspondentrheder des Schooners Hans Friedrich, Capitain Samuel Jäger, setzte am 4. April 1842 bei der Rhederei folgende Missive in Cirkel:

> „da in diesem Jahre wenig Ausfrachten sind, so erlaube ich mir vorzuschlagen, den Schooner nach Gothland segeln zu lassen, und dort für Rechnung des Schiffes Kalk zu laden. Wenn auch kein bedeutender Gewinn bei diesem Geschäft zu erzielen ist, so

glaube ich doch, daß ein kleiner Nutzen für's Schiff übrig bleibt."

Die Zustimmung der Rhederei erfolgte, der Schooner segelte im April 1842 aus Warnemünde ab, und legte seine Reise glücklich zurück. Am 28. Mai 1842 ward das Schiff zu gleichem Zweck von dem Correspondenten, ohne weitere Anfrage bei den Rhedern, abermals nach Gothland geschickt, verunglückte jedoch auf der Heimfahrt.

Auf den Grund dieser eigenmächtig angeordneten zweiten Fahrt verlangt nun der Kaufmann Philibert zu Rostock, Rheder zu $\frac{1}{64}$ in dem Schooner, den Einkaufspreis dieses Parts mit 39 Thlr. 3 ß. n. $\frac{2}{3}$ auf dem Wege der Klage.

Der Beklagte hält diesen Anspruch für unbegründet, weil der Correspondent als solcher zur Anordnung von Fahrten im Interesse des Schiffs berechtigt sei; weil der Kläger zur zweiten Reise des Schiffs ausdrücklich oder stillschweigend Vollmacht ertheilt, und endlich weil er sie factisch genehmigt habe.

1. Der Correspondent ist Mandatar der Rhederei, und der Umfang der in seiner Vollmacht enthaltenen Befugnisse läßt sich da, wo dieselben weder durch Vertrag, noch durch Gesetz oder Gewohnheit bestimmt sind, nur aus dem Zweck des Instituts entnehmen. Hervorgegangen ist das Amt eines correspondirenden Rheders aus dem durch die vermehrte Zahl der Mitrheder herbeigeführten Bedürfniß eines beständigen Organs, um die Beschlüsse der Rhederei zu vollziehen, dem Schiffer seine Instructionen zu ertheilen, die Rechnung des Schiffs zu führen, und die auf solches bezüglichen Nachrichten zur Kunde der Interessenten zu bringen. In dem Umfang dieser Geschäfte liegt kein Grund, die Befugniß zu Verfügungen über das

Eigenthum der Mitrheder am Schiff ihm zuzuschreiben, da von Niemandem ohne Weiteres anzunehmen ist, daß er die Dispositionen über Theile seines Vermögens an Dritte übertragen habe. Die Eigenthumsrechte des Rheders bestehen nun in der Disposition über den Verkaufs- und den Gebrauchs-Werth ihrer Parte. Der Correspondent hat mithin in Betreff des Verkaufswerths nicht das Recht zu Veräußerungen des ganzen Schiffs oder der einzelnen Parte: er darf sie weder verkaufen, noch verpfänden. Und ebenso wenig ist er befugt, die Substanz des Schiffs durch Vornahme bedeutender Reparaturen wesentlich zu verändern. Auf der andern Seite ist er auch nicht berechtigt, über den Gebrauchswerth des Schiffes nach seiner Willkür zu verfügen, denn der Zweck der Rhederei besteht vornehmlich in dem Gelderwerb durch Frachten, und kein Rheder ist verpflichtet, deren Annehmlichkeit fremdem Ermessen zu überlassen, da hierin eine Disposition über die Verwerthung des von ihm im Schiff angelegten Capitals enthalten ist. Und wenn der Correspondentrheder zwar vor den übrigen Rhedern die Verpflichtung hat, dafür Sorge zu tragen, daß das Schiff in Fahrt gehalten werde, so kann doch unmöglich aus dieser Pflicht, Frachten anzuschaffen, ein Schluß gemacht werden auf das Recht, über deren Abschluß zu entscheiden. Dieses Recht erhält der Correspondent auch nicht dadurch, daß das römische Recht dem Schiffer die allgemeine Befugniß einräumt, Frachten abzuschließen, ohne Zustimmung der Rheder und dabei nicht zwischen dem Fall ihrer Anwesenheit oder Abwesenheit unterscheidet [1]). Denn theils hat der Schiffer heutzutage am Orte der Rheder nicht mehr die Befugniß, das Schiff

---

1) l. 1. §. 3. und 7. D. de excercitoria actione (14. 1.).

ohne deren Einwilligung zu befrachten [1]), und jedenfalls fehlt es an dem Beweis, daß dessen Befugnisse auf den Correspondentrheder übertragen sind. Als Regel des gemeinen Rechts muß es daher angesehen werden, daß derselbe zum Abschluß von Frachten am Orte seiner Mitrheder deren Erlaubniß einzuholen hat. Mit dieser Regel stimmen die nahmhaftesten neuern Seerechte überein [2]), und keins ist vorhanden, welches ausdrücklich das Gegentheil verfügte, keins, aus welchem sich mit Sicherheit das Gegentheil deduciren ließe [3]).

Der Richtigkeit dieser Grundsätze thut es auch keinen Abbruch, wenn einzelne Schriftsteller ohne Anführung von Gründen das Gegentheil behaupten [4]), oder einzelne Correspondenten, gestützt auf das in ihre Dispositionen von den Mitrhedern gesetzte Vertrauen, deren Einwilligung nicht nachsuchten. Denn wenn die Letzten sich auch bisweilen bei solchem Verfahren beruhigt haben, so folgt daraus noch nicht, daß sie stets verbunden sind, dies zu thun. Nur dann leiden diese Grundsätze eine Ausnahme, wenn sich nachweisen läßt, daß vermöge besonderer Ueblichkeit an einem Orte der Abschluß von Frachten dem Ermessen des Correspondenten gänzlich anheim gestellt ist. Die Behauptung, daß eine solche Ueblichkeit in Rostock existire,

---

1) Code de commerce art. 232. Boulay — Paty cours du droit commercial maritime T. II. S. 12. p. 50—57. Wetboek van Koophandel 'S. Gravenhage 1838. art. 371. Vgl. Heise und Cropp jur. Abhdl. Bd. I. S. 451. Not. 13.

2) Wetboek van Koophandel art. 331. -- Codigo commercial Portuguez 1836. art. 1351.

3) Cropp in Heise und Cropp's Abhdl. Nr. 24. §. 11 und 12.

4) Pöhls Seerecht Bd. 1. §. 377. S. 123.

ist jedoch vom Beklagten nicht aufgestellt, und darf daher im vorliegenden Fall nicht zum Beweise verstellt werden.

Hat also der Beklagte ohne Afutrag das Schiff nach Gothland gesandt, so liegt darin eine Ueberschreitung der dem Correspondenten als solchem zustehenden Befugnisse, und er ist verpflichtet, auch für die mittelbaren Folgen seiner rechtswidrigen Handlung — hier den Verlust des Schiffs durch Sturm — aufzukommen [1]).

Von dieser Verbindlichkeit befreit ihn weder der Umstand, daß er Mitrheder ist, und als socius nur für die in eignen Angelegenheiten übliche Sorgfalt aufzukommen hat. Denn bei der Versendung des Schiffes verfuhr er nicht als socius, sondern als Correspondent, d. h. als Mandatar des Klägers. Noch kann hier, da das Mandat, wie gezeigt, diesen Fall nicht in sich faßt, eine nützliche Geschäftsführung von Seiten des Beklagten angenommen werden. Denn, abgesehen davon, daß es zweifelhaft ist, ob die Disposition dem Kläger nützlich war, da er es vorziehen konnte, sein Part zu verkaufen [2]), so wird der Gesichtspunkt der Geschäftsführung jedenfalls dadurch ausgeschlossen, daß Kläger für eine gegenwärtige Person handelte, die ihre Angelegenheiten selbst zu besorgen, eventuell sich sofort darüber zu erklären vermochte, ob sie mit seiner Besorgung einverstanden sei oder nicht [3]). Auch ist endlich der Umstand, daß Kläger bei der ersten Reise nicht versichert hat, und es überhaupt nicht üblich ist, solche kleine Parte zu versichern, so wie, daß die Be-

---

1) l. 11. §. 1. D. locat. 19, 2.

2) l. 10. §. 1. D. de negotiis gestis (3, 5.)

3) §. 1. J. de obligationibus quasi ex contractu (3, 28.) — l. 1. l. 2. l. 11. l. 31. §. 2. D. de negotiis gestis (3, 5.)

dingungen der ersten und zweiten Reise die gleichen waren, nicht geeignet, das Verschulden des Beklagten als effectlos darzustellen. Denn daraus, daß Kläger, falls er eingewilligt, nicht versichert haben würde, kann ebenso wenig dessen Einwilligung zur Reise gefolgert werden, wie frühere Frachtbedingungen eine unbedingte Norm für die folgenden abzugeben im Stande sind.

2. Die Frage, ob der Beklagte zur Anordnung der zweiten Fahrt ausdrücklich bevollmächtigt war, hängt ab von der Erklärung der Missive vom 4. April. — Für die Behauptung, daß der Correspondent nur eine einmalige Fahrt vorgeschlagen habe, ist der Ausdruck „segeln" ohne Bedeutung. Denn wenn Kläger meint, daß, falls die Absicht auf mehrere Fahrten gerichtet gewesen sei, das Wort „fahren" gebraucht wäre, so ist dagegen zu bemerken, daß nach allgemeinem deutschen und hiesigem Sprachgebrauch die Worte „segeln" und „fahren," in so fern es auf die Frage, ob eine ein- oder mehrmalige Fahrt gemeint sei, ankommt, synonym sind. — Andrerseits ist der von dem Beklagten geltend gemachte Umstand, daß kein reines Fracht-, sondern die Verbindung eines solchen mit einem kaufmännischen Geschäft vorliege, für die vorliegende Frage gleichfalls irrelevant. Denn ein Kalkgeschäft kann entrirt werden mit einer Ladung, wie mit mehreren, und, wenn Beklagter meint, daß eine richtige Speculation darauf geführt habe, die erste Ladung zu lagern, eine zweite u. s. f. herbeizuholen, und für den Verkauf die günstigste Conjunctur abzuwarten, so hatte der Kläger ebenso viel Recht zu seiner Ansicht, daß man das Geschäft auf eine Ladung beschränken und von deren Resultat die Anfuhr fernerer Ladungen abhängig machen müsse. — Die Frage, ob die in den Motiven zum Vorschlag enthaltenen Worte

„in diesem Jahre" auf den Vorschlag selbst zu beziehen seien, ist abhängig von der Erklärung der Worte, die das Motiv bilden. Dieselben können zweierlei bedeuten, entweder, daß bis zum 4. April wenig Ausfrachten angeboten seien, oder, daß es in dem ganzen Jahre 1842 schwer sein werde, Ausfrachten zu erhalten. Wäre die letzte Erklärung die richtige, und sie würde es sein, wenn statt „sind" geschrieben wäre „sein werden," so mußte jeder Rheder, da der Correspondent dafür zu sorgen hat, das Schiff in Fahrt zu erhalten, den Motiven zufolge, einen Vorschlag für das Jahr 1842, so lange die Schiffahrt offen, erwarten. Unterschrieb er daher die Missive, so hatte er in die Fahrten während des ganzen Jahres gewilligt, und kann sich später nicht darüber beschweren, wenn ein von ihm ertheiltes generelles Mandat in diesem Sinn verstanden und ausgeführt ward: wollte er sein Mandat nicht so verstanden wissen, so mußte er dasselbe bei der Unterterschrift auf eine Fahrt beschränken. Allein die zweite Erklärung ist ebenso gut möglich, und so lange es sich noch anderweit ermitteln läßt, welcher Sinn bei einem Vertrage gemeint ist, darf man nicht zu dem letzten Auskunftsmittel, daß im Zweifel gegen den Proponenten zu interpretiren sei [1]), seine Zuflucht nehmen. Wollte nun der Beklagte die erste Erklärung für sich in Anspruch nehmen, so mußte er, um darzuthun, der Kläger habe die Missive nur in diesem Sinn verstehen dürfen, behaupten, die kaufmännische Ansicht sei im Frühjahr 1842 dahin gegangen, daß im Laufe jenes Jahrs wenig Ausfrachten zu haben sein würden, und dieses im Läugnungsfall erweisen.

---

1) l. 39. D. de pactis. 2, 14. l. 21. l. 33. D. de contr. empt. 18, 1. l. 172. D. de R. J.

Eine solche Behauptung ist aber von ihm nicht aufgestellt: sie hat überhaupt umsichtiger Weise nicht aufgestellt werden können. Denn die Conjunctur in Betreff der Frachten unterliegt im Laufe eines Jahrs so mannigfachen Einflüssen, daß Niemand im Stande ist, darüber nur einigermaßen sichere Vermuthungen auszusprechen, weshalb auch die Möglichkeit einer allgemeinen kaufmännischen Ansicht hinsichtlich einer derartigen Frage geläugnet werden muß. Die Erforschung derselben Zweckauslegung des vorliegenden Vertrags würde daher ohne Resultat sein. Behauptet also auch Beklagter, daß er dennoch eine derartige Meinung aufgestellt habe, so ist er wenigstens nicht berechtigt, von dem Kläger zu verlangen, daß dieser sie in den die zweite Erklärung nicht minder zulassenden Worten habe entdecken müssen, und aus der Unterschrift der Missive auf dessen Einwilligung in die ferneren Fahrten zu schließen. Ein ausdrücklicher Auftrag liegt also nicht vor.

3. Eine stillschweigende Vollmacht kann aus der Bestimmung des Schiffs und der Natur der fraglichen Reise nicht entnommen werden. Zwar wird Niemand bezweifeln, daß es nicht erforderlich sei, bei dem nach Warnemünde gehenden Dampfschiff oder den kleinen bis zur Rhede gehenden Frachtschiffen die Einwilligung der Mitrheder zu den einzelnen Fahrten einzuholen, da dieselben durch die Bestimmung der Schiffe zu diesen Reisen im Voraus genehmigt sind. Daß aber der Hans Friedrich von jeher eine solche Bestimmung gehabt habe, ist in den Acten nicht behauptet worden, und der Umstand, daß andere Schiffe zwischen den Ostseehäfen regelmäßige Fahrten in möglichst großer Anzahl zu machen pflegen, kann unmöglich zu dem Schluß berechtigen, daß die Rhederei auch dieses Schiff in gleicher Art habe verwenden wollen. Eine

stillschweigende Vollmacht leitet aber Beklagter auch daraus her, daß Kläger vor der zweiten Reise nach Gothland den Capitain am Strande gefragt habe: „ob er noch nicht bald machen wolle, daß er fortkäme?" Diese Frage, so wie überhaupt seine Kenntniß von dem Vorhaben einer zweiten Fahrt, stellt Kläger in Abrede, und bringt ein Attest des Schiffers bei, dahin, daß Kläger durch diesen von dessen zweiter Reise nicht in Kenntniß gesetzt sei. Ist nun gleich diese Bescheinigung weder materiell noch formell geeignet, den Beweis zu erbringen, daß Kläger von solcher keine Kunde erhalten, so genügt doch anderseits die vom Beklagten hervorgehobene Thatsache nicht, um daraus den Schluß zu ziehen, daß Kläger von der bevorstehenden anderweiten Versendung des Schiffs nach Gothland unterrichtet gewesen sei, da die nähere Beziehung zu solcher in der behaupteten Frage fehlt, und dieselbe unter den Gesichtspunkt einer allgemeinen Erkundigung fällt, ob Aussicht auf baldige Fracht vorhanden sei. Es würde daher wegen dieser Unbestimmtheit die in Rede stehende Thatsache nicht zum Beweise verstellt werden können.

4. Die nachfolgende stillschweigende Genehmigung steht jedoch einer Bevollmächtigung gleich. Der Beklagte leitet sie aus Folgendem ab. Die am hiesigen Rathhause angeschlagenen offiziellen Listen des Lootsen-Commandeurs zu Warnemünde und daraus die Rostocker Zeitung vom 31. Mai 1842 enthalte die Nachricht:

> Aus Warnemünde gegangen: Mai 28.: Hans Friedrich, Jäger, nach Gothland, mit Ballast.

Hierdurch sei der Kläger hinlänglich von der zweiten Reise des Schooners nach dem Ziel der ersten, in der Rostocker Zeitung vom 19. April mitgetheilten Reise in Kenntniß gesetzt, und habe daher, wenn er jene gemißbilligt, die Verpflichtung gehabt, gegen das Verfahren des Correspondenten zu protestiren, oder sein Part zu versichern. Da beides vom Kläger unterlassen sei, so müsse angenommen werden, daß er die Dispositionen des Beklagten gebilligt habe. Der Kläger bestreitet zwar die Existenz jener Bekanntmachungen nicht, läßt es aber dahin gestellt sein, ob er durch dieselben von der zweiten Fahrt Kenntniß erhalten, mit dem Anfügen, daß solches überall nicht relevire, da das Kundbarwerden einer Widerrechtlichkeit diese nicht aufhebe, noch weniger aber ihm die Verpflichtung auferlege, derselben durch Versicherung ein Opfer zu bringen: hätte er versichert, so würde darin eine Anerkennung der Fahrt gelegen haben. Allein:

a) von jedem Rhederei treibenden Kaufmann muß angenommen werden, daß er von den offiziellen auf die Schiffahrt bezüglichen Nachrichten seines Wohnorts sich genaue Kunde verschaffe. Behauptet er, dieselbe nicht gehabt zu haben, so kann er sich nur dadurch von dem Vorwurf grober Nachlässigkeit befreien [1]), daß er hinlängliche Entschuldigungsgründe seines Nichtwissens angibt. Eine derartige Angabe hat im vorliegenden Fall nicht Statt gefunden, und der Kläger muß daher rechtlich so angesehn werden, als ob ihm die zweite Fahrt bekannt geworden sei.

b) War dieselbe nun ohne seine Genehmigung unternommen, so hatte Kläger, nach erhaltener Kunde, zwar nicht die Verpflichtung durch Versicherung sich gegen möglichen Schaden zu schützen, wohl aber die Verbindlichkeit,

---

1) l. 3. l. 6. l. 9. §. 2. D. de juris et facti ignorantia 22, 6. l. 11. §. 3. D. de instit. act. 14, 3. „certe si quis dicat — se — non observasse, quod propositum erat, quum multi legerent, quumque palam esset propositum, non audietur.

seine abstimmige Ansicht dem Correspondenten sofort zu erkennen zu geben. Denn die in dem kaufmännischen Verkehr nothwendige Rücksicht auf Treu und Glauben gestattet nicht, daß es der Willkür einer Partei überlassen bleibe, ein für sie unternommenes Geschäft bei günstigem Erfolg zu genehmigen, im entgegengesetzten Fall zu mißbilligen. Wollte der Kläger das Letzte, so mußte er protestiren. Er sicherte sich dadurch wider seinen Gegner den Anspruch auf Erstattung der erweislichen Schäden, mögen dieselben durch die entzogene Setzungsbefugniß, den Verkauf des Parts, die Möglichkeit, eine bessere Fracht anzuschaffen, oder sonst wie, entstanden sein: er verzichtete aber zugleich auf den möglichen Gewinn der Reise. Schwieg er dagegen, so schwieg er, wo er zu reden verpflichtet war, und genehmigte so die unternommene Fahrt mit allen ihren Chancen. Diese Grundsätze sind im römischen Recht in einer Mehrzahl von Anwendungen [1]), insonderheit auch in Bezug auf das dem vorliegenden analoge Verhältniß des exercitor zum magister [2]), anerkannt worden.

5. Die Behauptung des Klägers endlich, in dem Nachtrag zur Restitutions-Rechtfertigungsschrift, daß den Correspondentrheder, der hiesigen Ueblichkeit gemäß, die Verpflichtung treffe, die Mitrheder von der Zeit des Abgangs, dem Gegenstand der Ladung und dem Ziel der Reise — etwa durch Umsendung der vom Schiffer eingegangenen Briefe — zu unterrichten, der Gegner sich hieran versäumt, ihm, dem Kläger, mithin die Möglichkeit, sein

1) l. 12. l. 16. D. ad Sctum Macedonianum 14, 6. l. 6. §. 2. l. 18. l. 53. D. mandati 17, 1. l. 60. D. de r. j. 50, 17. l. 6. C. mandati. 4, 35. l. 2. D. ad municipalem 50, 1.

2) l. 1. §. 5. D. de exercitoria actione 14, 1.

Part zu versichern, entzogen habe, und folglich, da das Schiff auf der Reise von Gothland nach Rostock verunglückt sei, entschädigen müsse, konnte, ganz abgesehen von ihrer rechtlichen oder factischen Begründung, gegenwärtig keine Berücksichtigung finden, da das Vorbringen neuer Thatsachen, welches eine wesentliche Abänderung der Klage oder die Häufung einer neuen Klage in sich schließt, in der Rechtsmittel-Instanz unzulässig ist [1]).

Aus der unter Nr. 4. ersichtlichen Ausführung ergibt sich, daß das Urtheil vom 24. April 1844, welches den Kläger mit der erhobenen Klage abwies, gerecht ist, und waren demnach die auf dem Wege der Restitution dawider erhobenen Beschwerden, unter Verurtheilung des Imploranten in die Kosten der Instanz, zu verwerfen.

Anhang.

Da die

Gründe des ersten Erkenntnisses

von den so eben aufgestellten Principien mehrfach abweichen, so wird es nicht ohne Interesse sein, dieselben gleichfalls kennen zu lernen. Sie lauten:

Es unterliegt keinem Zweifel, daß die Gränzen der Befugnisse des Correspondentrheders zunächst nach einer ihm etwa bei seiner Wahl ertheilten schriftlichen oder mündlichen Vollmacht oder Instruction zu beurtheilen sind. Eine solche ist aber, hiesiger Ueblichkeit gemäß, dem Verklagten nicht gegeben worden, und es existirt hier auch kein publicirtes Gesetz, welches die Befugnisse der Correspondentrheder näher regulirt, wie dies in andern Ländern wohl der Fall ist. — Somit bleibt denn nur übrig,

---

1) Rechtsmittelgesetz für Rostock §. 33a.

solche Befugnisse und die Gränzen der alleinigen Thätigkeit des Correspondentrheders nach allgemeinen Grundsätzen, nach der Analogie anderer Seerechte, so wie nach der hiesigen Ueblichkeit und der Beschaffenheit des gerade vorliegenden Falles zu bestimmen, und nach allem diesen erscheint der Verklagte wohl befugt, den zweiten Kalktransport von Gothland, ohne zuvorige erneuerte Anfrage bei der Rhederei, zu veranlassen.

Im Allgemeinen muß nämlich, wie auch in andern Seerechten ausdrücklich gesagt ist, sein Mandat als auf die alleinige Besorgung aller, das gemeinsame Fahrzeug betreffenden laufenden und nicht ganz ungewöhnlichen Geschäfte gerichtet, betrachtet werden, und zu solchen laufenden, recht eigentlich bei Anstellung eines dirigirenden Rheders für denselben bestimmten Geschäften gehört unbedenklich die in Fahrt-Haltung des Schiffes und die Aufsuchung und Abschließung von Frachten, zumal wenn sowenig ein Gesetz, als die Instruction der Mitrheder, den dirigirenden Rheder angewiesen haben, bei jeder Fracht zuvor ihre Zustimmung einzuholen [1]).

Zwar versteht es sich von selbst, daß auch ohne desfallsige bestimmte Vorschriften der Correspondentrheder zumal da, wo die übrigen Rheder sich am Platze befinden, in wichtigen das Schiff betreffenden Angelegenheiten deren Zustimmung einholen muß, daß er z. B. nicht allein den Schiffer absetzen, Hauptreparaturen vornehmen, das Schiff verbodmen oder gar veräußern kann, aber die gewöhnlichen Geschäfte, die auf den regelmäßigen Betrieb

---

1) Meno Pöhls Bd. I. §. 377. Heise und Cropp jurist. Abhdl. Bd. I. S. 508. 512—517. [Hier sind die Gründe der im Text angenommenen, von Cropp aber verworfenen Ansicht dargestellt.]

der Frachtschiffahrt sich beziehen, sind ihm so lange mit seinem Amte allein übertragen, als er nicht durch Gesetz oder erklärten Willen seiner Mandanten auch darin gebunden ist. — Der Abschluß eines auswärtigen Frachtcontracts pflegt zwar sehr häufig hier im Orte zu denjenigen Vorkommenheiten gerechnet zu werden, zu welchen die Einstimmung der Mitrheder eingeholt wird, allein keineswegs existirt hieselbst eine allgemeine Ueblichkeit dahin, daß dies geschehen müsse in jedem Falle; vielmehr ist es hinlänglich bekannt, daß sehr viele der hiesigen Correspondentrheder in solchen Fällen nicht erst bei der Rhederei anzufragen pflegen. Namentlich ist dies der Fall da, wo ein Schiff während der Sommerzeit regelmäßige Fahrten hin und zurück, zwischen hier und einem andern Ostseehafen oder Handelsplatz, in möglichst großer Zahl zu machen pflegt, allwo die allgemeine Anzeige solcher Fahrten genügt, und nicht jede einzelne Fahrt wiederholt der zuvorigen Genehmigung unterstellt wird, und bei den kleinen nur bis zur Rhede gehenden Frachtschiffen wird bekanntlich kein Mitrheder über die einzelnen Frachten gefragt, obgleich in solchen doch auch eine Disposition über fremdes Miteigenthum enthalten ist, und das gemeinsame Fahrzeug ebenso gut auf dem Flusse, und auf der oft noch gefährlicheren Rhede verunglücken kann, als auf offner See. Ein ähnliches Verhältniß kann nun sehr füglich in der Missive gefunden werden, nach welcher der fragliche Schooner Hans Friedrich zum Kalkladen von Gothland auf hier für Schiffsrechnung, durch gemeinsamen Beschluß bestimmt ward. Es ward kein eigentlicher Frachtcontract in der Missive proponirt, vielmehr ein Kalkgeschäft für Schiffsrechnung, mit dessen erfolgter Genehmigung auch die dazu nöthigen Reisen genehmigt erscheinen, wenigstens ward über das Quantum des herbeizuholenden Kalks nichts gesagt und stillschweigend dies, so wie also auch die Zahl der Fahrten dem pflichtmäßigen Ermessen des Correspondentrheders überlassen. Es kommt hinzu, daß durch die öffentlich aushängenden und durch die hiesigen Blätter publicirt werdenden Schiffsnachrichten jeder hiesige Rheder allerdings Gelegenheit hat, auch ohne Anzeige des Correspondentrheders von der Ankunft oder dem Wiederabgange des gemeinsamen Fahrzeuges Kenntniß zu nehmen, und sofort Assecuranz zu zeichnen oder sonstige Maaßregeln zu ergreifen. — Und da eine nachfolgende ausdrückliche oder stillschweigende Genehmigung einer zuvorigen Bevollmächtigung gleichgeachtet wird, alle Rheder aber, nach öffentlich bekannt gemachter Wiederabreise des Hans Friedrich nach Gothland stille schwiegen, so würde eventualiter auch daraus die Genehmigung der zweiten Reise folgen. Kläger hat freilich seine Kenntnißnahme von dieser zweiten Reise geläugnet; ein Beweisverfahren hierüber kann aber deshalb nicht eintreten, weil er selbst dann, wenn ihm, der zwiefachen öffentlichen Ankündigung ungeachtet, wirklich die Wiederabfahrt unbekannt geblieben wäre, keinen Anspruch an den Correspondentrheder hätte, den kein Gesetz, keine Ueblichkeit, zur Anzeige unbedingt verpflichtete, zumal dann nicht, wenn im Allgemeinen bereits ein Kalktransportgeschäft von Gothland her einstimmig genehmigt war.

IV. [1])

1. Rechtsbeständigkeit von Forderungen aus Geschäften, welche sich auf Collectur für auswärtige verbotene Lotterien beziehen.

2. Verfahren eines Advocaten bei Anfertigung eines Documents zur Verdeckung eines solchen Geschäfts. Injurienklage und Einrede der Wahrheit.

3. Rückforderung des Documents. Quod metus causa actio: ob turpem causam condictio.

A. Geschichtserzählung.

Der Lotteriecollecteur B. zu Berlin, Gläubiger des Collecteurs A. zu Schwerin aus einer den Vertrieb Königl. Preußischer Lotterieloose bezweckenden Geschäftsverbindung, ließ seinen Schuldner durch den Advocat M. zur Zahlung mahnen. Dieser veranlaßte statt solcher die Ausstellung einer Verschreibung, in welcher A. bekannte, dem M. die Summe von 618 Thlr. 20 Sgr. dafür schuldig geworden zu sein, daß dieser die gleiche Summe für A. an B. berichtigt habe. Zur Sicherung der Forderung ist dem Gläubiger bis zu deren Belauf ein Legat, welches der Schuld-

---

1) Verändert.

ner von dem Dr. K. zu Hamburg seiner Zeit zu erheben hat, cedirt worden. M. hat das Schulddocument sofort an B. cedirt, und A. die Cessionsacte agnoscirt. Als nun B. den Dr. K. von der Cession des Legats in Kenntniß setzte, und dieser den A. hievon wiederum benachrichtigte, protestirte der Letzte in einem Schreiben an K. unterm 16. October 1843 gegen die dem M. ausgestellte Schuldverschreibung, welche er „für das arglistige Erzeugniß unredlicher Vorstellung und Zuredung, die M. sich gegen ihn erlaubt habe, erklärte." A. hat ferner in einem Brief an M. vom 10. November 1843 die Rückgabe der cassirten Verschreibung verlangt, da er von ihm durch List und unter Bedrohung mit allen Unannehmlichkeiten juristischer Strenge und Härte zur Umgehung des den Debit fremder Lotterieloose untersagenden Strafgesetzes, vermocht sei, die Verschreibung auszustellen, und deren Cession an B., welchem er jenen Betrag bürgerlich wirksam nicht geschuldet, zu agnosciren.

Gestützt auf diese Briefe, erhebt M. wegen der in ihnen enthaltenen Beschuldigung, daß er des Amtes eines Sachwalds unwürdig sei, und seinen Eid als Doctor der Rechte und Advocat gebrochen habe, eine Injurienklage, und verlangt Bestrafung des A.

Dieser gesteht, die Verschreibung ausgestellt und die Briefe geschrieben zu haben, er schützt die Einrede der Wahrheit vor, da durch die Handlungsweise des Klägers dessen in den Briefen enthaltene Beurtheilung gerechtfertigt sei, und bittet um Abweisung der Klage. Widerklagend verlangt er die cassirte Rücklieferung der mehrgedachten Schuldverschreibung.

M. replicirt: Er habe den Beklagten zu bereden gesucht, sich in Ansehung der von ihm als richtig eingestandenen Forderung des B. über einen Zahlungstermin zu einigen. Nachdem ihm solches gelungen sei, habe er vorgeschlagen, dem Schulddocument die Form zu geben, daß A. ihn, den M., als denjenigen aufführe, welcher die Zahlung an B. für A. geleistet habe, und daß er, M., die Verschreibung sodann an B. cediren wolle, damit A. nicht durch die bei einer etwaigen Klagbarwerdung nöthige Production der Urkunde in die Strafe von 5 Thlr. falle, welche ein Collecteur für jedes in einer auswärtigen Lotterie gespielte Loos zu zahlen habe. A. habe das Document mehrere Tage im Hause gehabt, und sodann, wie auch die Cession an B. unterschrieben. Er läugne demnach, daß der Beklagte durch Bedrohung mit allen Unannehmlichkeiten juristischer Härte und Strenge zur Ausstellung der Verschreibung von ihm bestimmt sei: er habe den A. nur auf die Folgen eines Prozesses, als den Ausbruch des Concurses, da er zur Zeit zahlungsunfähig sei, und bedeutende Kosten, sowie auf die wegen des Debits mit auswärtigen Loosen zu zahlende Strafe aufmerksam gemacht. Die Widerklage sei theils an sich unbegründet, theils deshalb, weil er dem von A. als Cessionar anerkannten B. die Verschreibung ausgeantwortet habe.

A. hat um Actenversendung gebeten.

B. Rechtliche Beurtheilung.

1. Vorklage.

Der Beklagte hat zugestanden:

a) die in Rede stehende Schuldverschreibung vollzogen;

b) in Beziehung auf die Verschreibung den Brief an den Dr. K. unterm 16. October 1843 geschrieben;

c) den Brief vom 10. November 1843 an den Kläger gerichtet zu haben.

Es fragt sich daher, ob Beklagter befugt gewesen sei, über die Handlungsweise des Klägers eine Beurtheilung, wie solche vorliegt, auszusprechen. Da das Colligiren für Lotterien, welche in hiesigen Landen nicht zugelassen sind, in einer Reihe von Verordnungen bei namhafter Strafe untersagt ist, so muß es zunächst als ausgemacht angesehen werden, daß ein Rechtsgeschäft, welches ein fremder Collecteur mit einem hiesigen zur Beförderung des verbotenen Colligirens abgeschlossen hat, zu den reprobirten Obligationen gerechnet werden muß, und ein Anspruch aus einem solchen Geschäft nach hiesigem Recht weder auf dem Wege der Klage noch der Einrede geltend gemacht werden kann. Da nun die Forderung des B. an den Beklagten aus einem Rechtsgeschäft entstanden war, durch welches die von Letzterem für die in Meklenburg nicht concessionirte Königl. Preußische Lotterie betriebene Collectur herbeigeführt ward, so entbehrte diese Forderung aller rechtlichen Wirksamkeit. Wenn indessen ein Gläubiger in eigner Person oder durch einen Bevollmächtigten den Versuch macht., aus einer solchen Forderung sich Zahlung, oder ein schriftliches Versprechen derselben von seinem Schuldner zu verschaffen, so kann in einem solchen Beginnen an sich nichts unerlaubtes gefunden werden. Es fragt sich daher im vorliegenden Fall nur, ob der Kläger, als Bevollmächtigter des B., durch erlaubte Mittel die Ausstellung der Schuldverschreibung von Seiten des Beklagten veranlaßte. Nach der Darstellung des Klägers in seiner Replikenhandlung scheint es zwar anfangs, als wenn derselbe den gesetzlichen Weg nicht verlassen habe. Er will ein Arrangement zwischen B. und A. herbeigeführt, und nachdem ihm solches gelungen, im Interesse des Beklagten, um diesen, falls B. klagbar werden sollte, von der auf gesetzwidriges Colligiren gesetzten Strafe zu befreien, der Schuldverschreibung die gewählte Form gegeben haben. Allein im Laufe der Darstellung ist derselbe gleichwohl geständig, daß er den Beklagten zur Ausstellung des Documentes in der Weise beredet habe, daß er ihn auf die Folgen eines Prozesses, den Ausbruch des Concurses über sein Vermögen, und bedeutende Kosten, namentlich die wegen des Debits mit auswärtigen Loosen zu zahlende Strafe aufmerksam machte. Er drohte mithin dem Beklagten mit der Alternative, entweder sich aus dem Collecturgeschäfte, wenngleich erfolglos, verklagen zu lassen, und in Folge der hiedurch herbeigeführten Denunciation eine bedeutende Geld- oder Gefängnißstrafe zu erleiden, oder sich durch eine den wahren Sachverhalt verdeckende Verschreibung zur Berichtigung einer nichtigen Forderung anheischig zu machen. Ein derartiges Bereden enthält aber die Anwendung eines Mittels, wodurch die Anerkennung einer reprobirten Forderung nicht herbeigeführt werden darf. Wenn daher ein immatrikulirter Advocat, um die Forderung seines Committenten durchzusetzen, in der eben bezeichneten Weise verfährt, so verletzt derselbe die einem Sachwalter nach Vorschrift der Rechte [1]) obliegenden Pflichten. Ob und inwiefern nun der Kläger durch diese Handlungsweise sich strafbar gemacht habe, steht derzeit nicht zur Beurtheilung, sondern nur die Frage, ob der Beklagte ein Recht hatte, das Verfahren seines Gegners, wie geschehen, zu charakterisiren. Diese Frage ist zu bejahen. Von einer strafbaren Injurie kann überall nicht die Rede sein, wenn Jemand von einem Andern verübte rechtswidrige Handlungen behauptet oder mittheilt [2]). Da nun

1) L. und H. G.-O. Th. I. Tit. 18.

2) l. 18. pr. D. de injuriis 47, 10.

das von dem Kläger geständigermaßen angewandte Verfahren dem Obigen zufolge als rechtswidrig erscheint, so war der Beklagte, welchen es betraf, befugt, dasselbe als solches zu bezeichnen. Nur dann würde Letzterer wegen seiner Erklärung in Anspruch genommen werden können, wenn die Form derselben eine unerlaubte wäre, indem sie neben der ausgesprochenen Anschuldigung eine besondere Herabwürdigung des Gegners enthielte. Dies ist jedoch keineswegs der Fall: vielmehr erscheinen die in Rede stehenden Erklärungen, durch welche Beklagter dem Kläger, sowie dem Dr. K. gegenüber, sich ganz unverholen über das Verfahren des Ersteren aussprach, durch die Umstände völlig gerechtfertigt. Demnach mußte die Einrede der Wahrheit für begründet erachtet, und Kläger mit der erhobenen Klage abgewiesen werden.

2. Die Widerklage.

Sie ist gerichtet auf Rückgabe der obgedachten, in Folge von Drohungen, zur Verdeckung einer reprobirten Forderung ausgestellten Schuldverschreibung. Die Drohungen sowie die Beschaffenheit jener Forderung sind nach der bei Beurtheilung der Klage gelieferten Darstellung als erwiesen anzusehen. Allein die Drohungen für sich betrachtet, so wenig sie auch von Seiten des Widerbeklagten gerechtfertigt erscheinen, sind für den Widerkläger nicht so gewichtig, um die quod metus causa actio zu begründen [1]). Die Forderung als solche anlangend, so würde zwar der Widerkläger, aus der ausgestellten Verschreibung auf Zahlung belangt, durch Vorschützung der betreffenden Einreden sich der Verurtheilung entziehen können; allein zur Rück-

1) l. 7. pr. D. quod metus causa. 4, 2. l. 9. 10. C. eod. 2, 20.

forderung der Urkunde auf dem Wege der Klage ist derselbe nicht berechtigt. Denn die Spielverbote des Römischen Rechts [1]) leiden, ganz abgesehen von der Frage ihrer practischen Gültigkeit in hiesigen Landen [2]), auf die oben charakterisirte Geschäftsverbindung zwischen B. und A., welche in einem unerlaubten Spiel des Letzteren mit Ersteren überall nicht bestand, keine Anwendung.

Den Umstand endlich, daß die Entgegennahme der durch die in Rede stehenden Drohungen veranlaßten Schuldverschreibung ein turpiter acceptum von Seiten des Widerbeklagten enthalte, kann der Widerkläger schon um deswillen nicht für sich geltend machen, weil er sich jenen Drohungen in der Absicht unterwarf, um den ihn treffenden inländischen Strafbestimmungen zu entgehen. Die Ausstellung der Verschreibung stellt sich hiedurch als ein turpiter datum dar, und in pari turpitudine possessoris conditio melior est [3]). Ist sonach die Widerklage schon an sich unbegründet, so bedarf die Frage, ob der Widerkläger dadurch, daß er, geständigermaßen, die Cession der Schuldverschreibung an B. regnoscirt hat, von der Rechtsverfolgung wider seinen Gegner ausgeschlossen werde, keiner weiteren Beantwortung.

Die Kosten des Rechtsstreits waren, der Actenverschickungsgebühr, welche Beklagter als der nachsuchende Theil zu tragen hat, wegen wechselseitigen Siegs gegen einander aufzuheben (jedoch mit Ausnahme).

1) l. 3. C. de aleatoribus.

2) Elvers Jur. Ztg. 1830. S. 332 fgg.

3) l. 2. C. de condictione ab turpem causam.

V.

1. Recht auf Ersatz des Schadens, welchen fremdes Vieh auf unserm Acker anrichtete.

2. Pflicht zur Bedichtung der Scheiden im Fürstenthum Ratzeburg. Vereinbarung des Herzogs von Mecklenburg-Strelitz mit den Hauswirthen zu Neschow vom 27. Juli 1811.

3. Wenn eine an sich zur Verhandlung im Wege des Civilprozesses geeignete Frage gesetzlich der richterlichen Gewalt entzogen und der administrativen zugewiesen ist, und diese Frage als Präjudicialpunkt in einer Civilprozeßsache vorkommt, so ist das Verfahren in dieser bis zur Erledigung des Präjudicialpunktes durch die administrative Behörde zu sistiren, und deren Entscheidung bei der der Civilprozeßsache zu befolgen.

A. Geschichtserzählung.

Am 25. Juli 1842 übergab der Hauswirth Dettmer zu Neschow bei dem Justizamte der Landvogtei des Fürstenthums Ratzeburg zu Schönberg gegen den Eigenthümer Warncke, als Pächter von Stove, eine Klage, in welcher er behauptet, daß der Beklagte seine Kuhheerde ohne Hüter habe gehn lassen, daß in Folge dessen 40 — 60 Kühe desselben in der Nacht vom $\frac{2}{2}\frac{2}{3}$. Julius die Stover Feldmark überschritten, und auf seinem — des Klägers — Felde eine mit Waizen besäte Koppel sowie eine Wiese verwüstet hätten, und um Verurtheilung des Beklagten in den ihm hierdurch verursachten durch Taxation auszumittelnden Schaden bittet.

In dem hierauf angesetzten Verhandlungstermin erschien der Kläger in Person, für den Beklagten aber dessen Inspector Steinfatt, welcher die Ratihabition seines Prinzipals reservirte. In seiner Einlassung gesteht Steinfatt zu, daß ein Theil der Kühe seines Prinzipals, wie viel Stück, wisse er nicht, durch die Dettmersche Scheide gegangen sei, und in dessen Waizen einen Schaden angerichtet habe, welchen er auf die Saat von $\frac{2}{3}$ Scheffeln Einfall schätze; er leugnet aber, daß dem Kläger auch an Wiesenwachs Schade zugefügt worden, indem die Kühe über die Wiese bloß hinübergegangen, und diese nicht lange vorher gemähet sei.

Ferner stellt er die Verpflichtung seines Prinzipals zum Ersatz des etwa angerichteten Schadens in Abrede, weil derselbe vom Kläger selbst verschuldet sei. Nach bekannter Landesobservanz nämlich gehe das Vieh nur bei Tage vor dem Hirten, und werde des Nachts in der dazu bestimmten Koppel sich selbst überlassen. Es liege aber dem Kläger die Pflicht ob, seine Scheide, an welche die dermalige Stover Nachtkoppel stoße, dicht zu halten. Dies habe derselbe nur in sehr mangelhafter Weise gethan, obwohl sowohl er — der Excipient — ihn dazu aufgefordert habe, als auch der Justizamtmann Reinhold auf sein — des Excipienten — Anfragen dem Kläger habe sagen lassen, daß ihm die Verpflichtung zum Dichten der Scheide obliege.

Replicando erklärt der Kläger, um so weniger eine Verpflichtung zum Dichten anerkennen zu können, als seine Ländereien und das Stover Hoffeld zum größten Theil durch einen Weg von einander getrennt seien, und das Vieh des Gegners wahrscheinlich durch diesen Theil der Scheide gedrungen wäre. Sollte dies jedoch da geschehen sein, wo beide Felder unmittelbar an einander stießen, so müsse der Gegner dennoch dafür aufkommen, da dem Kläger überhaupt keine Verpflichtung zur Bewahrung seines Feldes obliege. Daß seine Scheiden nur mangelhaft bedichtet gewesen, giebt er zu. — Sein gleichzeitiger Antrag, daß wegen Gefahr auf dem Verzuge der Schade durch die beeidigten Districtstaxanten im Beisein des Landreiters und der Interessenten salvo jure utriusque abgeschätzt werden möge, wurde von dem Stellvertreter des Beklagten zugestanden, und von Gerichtswegen genehmigt.

Diese Taxation hat nach dem Bericht des Landreiters Labann stattgefunden.

Nach vorheriger Ratihabition der von dem Inspector Steinfatt vorgenommenen prozessualischen Handlungen erklärte der Beklagte in der Duplik, daß im Fürstenthume Ratzeburg die Scheiden und Grenzen überall entweder mit Gräben oder mit sogenannten Knicken eingehegt seien, und nach einem allgemeinen Herkommen des Fürstenthums derjenige, welchem die Scheide zugehöre, verpflichtet sei, diese sowohl gegen sein eignes als gegen des Nachbarn Vieh dicht zu halten. Die Existenz dieses Herkommens gehe besonders daraus hervor, daß das Amt selbst dem Kläger habe sagen lassen, er solle dichten, daß auf sein — des Beklagten — Ansuchen die Großherzogliche Kammer laut

Verfügung vom 24. September 1842 dem Domanialamte Schönberg aufgegeben habe, den Kläger zu seiner Verpflichtung in Bezug auf die Bedichtung seiner Hufe anzuhalten, welcher Auflage dasselbe auch unterm 8. October 1842 nachgekommen sei, und daß Dettmer stets die fragliche Scheide bedichtet hätte.

Auch habe der Kläger in der Versicherungsurkunde vom 27. Juli 1811 ausdrücklich die Verpflichtung zur Bedichtung übernommen. Der Einwand, daß er hier ex jure tertii excipire, treffe ihn nicht, da der Großherzog, mit welchem diese Urkunde abgeschlossen worden, Eigenthümer von Stove sei, und er als dessen Pächter alle diesem Gute zustehenden Berechtigungen in Anspruch nehmen dürfe.

Die vor dem Domainenamte unterm 8. Oct. l. J. wiederholte Behauptung des Klägers, daß er schon deswegen nicht zum Dichten verpflichtet sei, weil großen Theils ein Weg seinen Acker und das Stover Hoffeld trenne, sei unrichtig, weil der Weg nicht ein fremdartiges tertium bilde, sondern zum Stover Hoffelde, die Scheide dagegen entschieden nach Neschow gehöre. — Im Uebrigen stelle er in Abrede, daß das Vieh da, wo der Weg längst der Scheide gehe, durch solche gedrungen sei, indem es vielmehr da, wo beide Aecker unmittelbar an einander stießen, die Scheide übertreten habe.

Der Duplik ist ein Auszug aus der zwischen dem Herzog Karl von Mecklenburg-Strelitz einerseits und den Hauswirthen zu Neschow andererseits wegen Regulirung und Eintheilung der dortigen Feldmark abgeschlossenen Vereinbarung d. d. 27. Juli 1811 beigelegt, welche an der vom Beklagten urgirten Stelle also lautet: §. 5. sub Nr. 6. „Bei der Regulirung müssen Scheiden und Grenzen genau bestimmt, begraben, und von dem, der den Graben=Aufwurf erhält, bedichtet werden." Daneben heißt es daselbst unter Nr. 14.: „Außerdem erfordert es die Pflicht der Hauswirthe . . . ihre Ländereien in die erforderliche Verfassung zu setzen . . . und wenn bei oder nach der Regulirung Streitigkeiten vorfallen sollten, so werden solche mit allenfalsiger Zuziehung sachverständiger Leute kurz und ohne Prozeß entschieden, wobei es sein Bewenden behält."

Nachdem hierauf dem Kläger die Einreichung der Triplik aufgegeben war, protestirte das Domainen=Amt Schönberg am 7. December 1842, „in Folge einer höheren Anweisung" gegen die gerichtliche Entscheidung der Frage, wem die Bedichtung der Scheide obliege, durch welche das Stover Vieh gegangen sei.

Daneben erließ das Domainen=Amt auf den Grund einer am 12. December 1842 in Gegenwart des Inspectors Steinfatt, des Hauswirths Dettmer, und anderer Wirthe zu Neschow stattgehabten Localbesichtigung, aus welcher sich ergeben, daß der Weg zwischen dem Acker des Dettmer und dem Stover Hoffelde zu letzterem, Graben und Hecke am Wege sowie zwischen den beiderseitigen Feldern dagegen nach Neschow und zwar dem Dettmer gehörten, die Hecke jedoch nicht allenthalben vorhanden und der Graben theilweise nicht aufgeräumt sei, an letztern auf den Grund der allegirten Stellen der Versicherungsurkunde den Befehl: die mehrgedachte Scheide bis zum April 1843 zu bedichten. Diesen Bescheid haben beide Theile zu den Acten gebracht: Beklagter um damit die Bemerkung zu verbinden: daß nach dieser Sachlage eine Entscheidung nur noch der Kosten halber wichtig sei; Kläger um daran den Antrag zu knüpfen: daß das Justizamt bei der Regierung die Rücknahme der von den administrativen Behörden in dieser Sache erlassenen Verfügungen beantrage. Zur Begründung desselben beruft er sich auf ein Regiminal-Rescript vom 27. September 1827, wo es heißt: „daß die Stelle in den fraglichen Regulirungsurkunden §. 5. sub Nr. 14. sich lediglich auf die zu beschaffende Regulirung selbst, und auf die Streitigkeiten bezieht, die demnächst in Rücksicht darauf entstehen, und unmittelbar damit zusammenhängen. Auf Streitigkeiten, welche späterhin, nachdem die Regulirung einmal gänzlich beendet ist [entstehen], und auf neue, von der einmal vollständig beschafften Regulirung abweichende Einrichtungen, auf Veränderungen, sich beziehen, hat die gedachte Vorschrift gar keine Anwendung, vielmehr muß in solchen Fällen der ordentliche Weg Rechtens unbeschränkt stattfinden." Die erbetene Beglaubigung dieses Rescripts ist von Seiten des Justizamts nicht verfügt worden. Dasselbe ist überhaupt auf den klägerischen Antrag nicht eingegangen, sondern hat unterm 7. April 1843 ex officio eine Localbesichtigung angeordnet. Dieselbe fand unterm 8. Mai 1843 — nachdem vom Kläger bereits, in Folge des vom Domainenamte erhaltenen Befehls, die Scheide bedichtet war — statt, und hat im Wesentlichen dasselbe Resultat gegeben, was aus der Besichtigung des Domainenamts bereits oben hervorgehoben ist. Der im Termine allein gegenwärtige Kläger gesteht zu, daß die Scheide ihm zugehöre, und behauptet, daß an einer zur Zeit des angerichteten Schadens mit Schleeten bewehrten Stelle die Kuhheerde des Beklagten durchgebrochen sei, indem die Bollen in derselben so wild wären, daß keinerlei Befriedigung deren Andrang widerstehen könne. Nachdem der Kläger die ihm schließlich zur Einreichung der Triplik ad protocollum bewilligte Frist hatte verstreichen lassen, bat der Beklagte unterm 30. November 1843 um den Ausschluß und protestirte gegen die in dem ebenerwähnten neuen — überdies unwahren — Vorbringen des Klägers enthaltene mutatio libelli. Die Triplik ward demgemäß ausgeschlossen, die Actenversendung ex officio erkannt, und in dem Inrotulationstermin von dem Anwald des Klägers eine notariell beglaubigte Abschrift der Versicherungsurkunde für Neschow vom 27. Juli 1811 zu den Acten gebracht.

B. Rechtliche Beurtheilung.

Da die in der Klagschrift vorgetragenen Thatumstände, daß Beklagter seinem Vieh des Nachts den Hirten entzogen habe, sowie daß solches demzufolge auf den Acker des Klägers übergetreten sei, und daselbst einen Schaden angerichtet habe, an sich zur Anstellung einer utilis legis Aquiliae actio berechtigen [1]), da ferner Beides, das Gehen des Viehs ohne Hirten und die Anrichtung des Schadens, von dem Beklagten eingestanden sind, so werden zunächst dessen Behauptungen, wodurch er das Erstere als eine schuldlose Unterlassung darzustellen sucht, einer Prüfung unterworfen werden müssen. Der Kläger — so sagt der Beklagte — sei verbunden seine Scheide zu dichten, er habe diese Verpflichtung nur mangelhaft erfüllt, und also den Uebertritt des beklagtischen Viehs selbst verschuldet. Die Mängel der Bedichtung hat Kläger zugestanden, die Verpflichtung dazu hingegen in Abrede gestellt. Die Rechtfertigung des beklagtischen Verfahrens, und folgeweise der Ausschluß des klägerischen Anspruchs, hängt mithin von dem Beweise jener Verpflichtung ab. Als Grund dersel-

1) l. ult. C. de lege Aquilia.

den wird in der Duplikenhandlung theils auf das Herkommen im Fürstenthum Ratzeburg, wonach denjenigen, welchem die Scheide gehöre, die Pflicht zur Bedichtung treffe, theils auf den obgedachten §. 5. Nr. 6. der Versicherungsurkunde, welcher dasselbe ausspricht, Bezug genommen. In formeller Hinsicht kann dieses Vorbringen nicht als verspätet angesehen werden, da dasselbe eine zwar in der Replikenschrift nicht verlangte, gleichwohl aber Zwecks allseitiger Feststellung des Beweissatzes nothwendige, Vervollständigung der in der Vernehmlassung versuchten Vertheidigung des Beklagten enthält, und überdies dessen Zulässigkeit von dem Kläger, welchem die Duplikenschrift zur Triplikenhandlung mitgetheilt war, nicht bestritten ist. In materieller Beziehung steht zunächst durch das Geständniß des Beklagten, welches bei der Localbesichtigung seine Bestätigung gefunden hat, der Umstand fest, daß dem Kläger die fragliche Scheide zugehöre. Dagegen wird auf den, bei dem Leugnen des Klägers von dem Beklagten zu übernehmenden, Beweis des gedachten Herkommens erst dann zu erkennen sein, wenn die Versicherungsurkunde, welche a. a. O. die streitige Verpflichtung ausspricht, nicht als Rechtsnorm für die Partheien zu betrachten wäre. Dieses ist jedoch keineswegs der Fall. Die Urkunde enthält nemlich, wie aus ihrer ganzen Fassung, insonderheit aus §§. 1. und 8. hervorgeht, nicht bloß eine Vereinbarung zur Regulirung der Verhältnisse zwischen der Gutsherrschaft und den Hauswirthen, oder zwischen diesen untereinander, sondern eine Norm für die gesammte Feldmerk, zu welcher der Herrenhof Stove unbestritten gehört, und hat zwar die Form eines Vertrages, allein dessenungechtet mehr einen gesetzlichen als obligatorischen Charakter. Der Beklagte ist daher, als Pächter von Stove, befugt und verbunden, die aus jener Urkunde in Bezug auf das Verhältniß zu seinen Nachbaren in der Feldmark ersichtlichen Rechte und Verpflichtungen für sich in Anspruch zu nehmen und gegen sich gelten zu lassen. Diesem zufolge würde der Kläger in Gemäßheit des §. 5. Nr. 6. in gegenwärtiger Lage des Rechtstreits abzuweisen sein, wenn Regulirungsfragen überhaupt der richterlichen Beurtheilung unterworfen wären. Dieses ist jedoch nach §. 5. Nr. 14. nicht der Fall, und sogar der Inhalt des von dem Kläger dawider angezogenen Regiminalrescripts vom 27. September 1827 würde, dessen Aechtheit einmal angenommen, diese Ansicht nur bestärken, indem hier eine Streitigkeit vorliegt, welche unmittelbar mit der nach §. 5. Nr. 6. zu beschaffenden Regulirung zusammenhängt. Die Bedichtungsfrage muß daher auf administrativem Wege erledigt werden, und auch der Umstand, daß dieselbe nur als Präjudicialpunkt für einen unbezweifelt zur richterlichen Beurtheilung stehenden Rechtsstreit in Betracht kommt, kann hierin keine Aenderung hervorbringen. Denn da durch die Versicherungsurkunde die Erledigung von Sachen, welche an sich der Verhandlung im Wege des Civilprozesses angehören würden, auf den administrativen Weg verwiesen ist, so muß sich der Richter jedenfalls deren Beurtheilung enthalten, die Sache mag als Haupt- oder als Incident-Sache vorkommen. Das Endurtheil würde daher in diesem Rechtstreit auszusetzen sein, bis daß die Frage über die Verpflichtung zur Bedichtung der Scheide vom Domainenamt entschieden wäre. Da dieses indessen, wie von den Parteien anerkannt wird, zum Nachtheil des Klägers bereits geschehen ist, so folgt hieraus ein dem Obigen gleiches Resultat — die Abweisung der erhobenen Klage. Der Kläger hat jedoch, in dem zur Localbesichtigung von

Seiten des Justizamts anberaumten Termin, behauptet, daß sein Acker an der Stelle, wo die Heerde des Beklagten durchgebrochen sei, mit Schleeten bewehrt gewesen, die Bollen der Heerde aber so wild wären, daß keinerlei Befriedigung deren Andrang widerstehen könne. Diese wesentliche Abweichung vom ursprünglichen Klagfundament ist zwar, als eine in dieser Lage des Rechtsstreits unzulässige libelli mutatio auf Antrag des Beklagten zu verwerfen, allein die Abweisung der erhobenen Klage konnte demzufolge nur in der Maaße erfolgen, in welcher sie angebracht ist, da dem Kläger unbenommen bleiben muß, die gedachten neuen Thatumstände, falls er sich getraut damit durchzukommen, zum Fundament einer anderweiten Klage zu machen.

Die Verurtheilung des Klägers in die Kosten des Rechtstreits mit Einschluß derer, welche durch die Actenverschickung erwachsen sind, bedarf als Folge des den Beklagten freisprechenden Erkenntnisses, keiner weiteren Rechtfertigung.

VI. [1]

1. Abschluß einer Einkaufscommission oder eines Kaufs. Vergleichung beider Geschäfte.

2. Der Commissionär hat zu beweisen, daß er den ihm ertheilten, auf Anschaffung und Ablieferung bedungener Waaren gerichteten Auftrag erfüllt habe, um die Annahme der Waaren und die Berichtigung der ihm erwachsenen Kosten von dem Committenten verlangen zu können.

3. Die Annahme der Waaren befreit von dieser Beweislast, und dem Empfänger trifft alsdann der Beweis der von ihm behaupteten Mängel. Der Transport der Waaren vom Schiff in den Speicher des Committenten beweißt jedoch für sich allein deren Annahme nicht. Ebensowenig die Oeffnung der Kisten Zwecks Besichtigung. Eine Verpflichtung, den Gegner oder dessen Mandatar hie-

---

1) Mitgetheilt auch für Kaufleute. Möchten sie endlich begreifen, daß bei dem gegenwärtigen Zustand, nicht unseres Rechts, sondern unseres gerichtlichen Verfahrens der einzig richtige Weg zur Schlichtung ihrer Differenzen in der Wahl von Schiedsmännern aus der Mitte ihrer Standesgenossen zu finden sei.

bei zuzuziehen, ist nicht vorhanden. Eine gesetzliche Frist zur Erklärung über die Annahme von Waaren existirt nicht.

4. Beim Handel nach Probe hat der Käufer (Committent) dieselbe nur dann aufzubewahren, wenn der Verkäufer (Commissionär) sie ihm zu dem Zweck eingehändigt, oder bei Vorzeigung der Probe deren Annahme von ihm verlangt hat. Ließ es der zur sorgsamen Aufbewahrung Pflichtige daran fehlen, so trifft ihn der Beweis der Unprobemäßigkeit.

5. Die dem Commissionär bis zum Beweis entgegenstehender Usance gebührenden 2 p. Ct. Provision sind von dem g a n z e n Facturabelauf zu berechnen.

6. Die Verabredung, daß bei Absendung der Waaren deren Facturabelauf in dreimonatlichen Wechseln bezogen werden solle, setzt die Pflicht ihn zu verzinsen auf drei Monate hinaus [1]).

7. Wer in den Verkauf streitiger von ihm detinirter Waaren salvo jure et processu willigt, verzichtet dadurch nicht auf den Ersatz der für die Waaren gemachten Verwendungen.

8. Wenn im Fall einer objectiven Klagenhäufung

---

1) Für die Zinspflicht vom Moment der Absendung spricht die kaufmännische Ansicht, welcher es an juristischen Gründen nicht fehlt.

der Kläger mit seinen Ansprüchen nur theilweise obsiegt, so ist die Frage, ob die Prozeßkosten zu vergleichen oder nach Quoten zu vertheilen seien, von der Individualität des Falles abhängig.

9. Die Bestimmung des Rostocker Stadtrechts Th. 5. Tit. 8. Art. 8., daß Kostenvergleichung eintreten solle, wenn der Beweis durch Eideszuschiebung cum alia probatione geführt sei, bezieht sich auf einen Fall, wo mehrere Punkte zum Beweis verstellt sind und dieser bei einigen durch Eideszuschiebung, bei anderen durch sonstige Mittel geführt ward. Im Fall der Eideszuschiebung sine alia probatione ist die Kostenvergleichung keineswegs absolut ausgeschlossen: es soll die Eideszuschiebung allein keinen Grnnd zur Kostenvergleichung abgeben.

10. Die unrichtige Auffassung des Rechtstreits in einem rechtskräftigen Beweisinterlocut ist für die endliche Beurtheilung der Prozeßkostenfrage insoweit ohne Bedeutung, als dieselbe unabhängig von dem Ausfall der Hauptsache zu beantworten ist.

A. Geschichtserzählung.

Im August und Septembermonat des Jahres 1836 gab der Kaufmann J. G. Michels Sohn zu Rostock dem Kaufmann J. B. Scheele daselbst, als Agenten des Rotterdammer Handlungshauses J. de Kuyper & Zoon, mündlich verschiedene Waaren-Aufträge für seine Committenten. Er bestellte nämlich:

1. circa 1000 Kilogramm Farin;
2. 25 ganze Kisten ordinairen mittelbraunen Candies;
3. 3 Fässer feinsten Secunda-Melis;

Nr. 1 — 3 zu beigefügten, festbestimmten, Preisen. Sodann:

4. 20 ganze Kisten ordinairen hellbraunen Candies;
5. 10 Säcke grünen Sumatra-Caffee, und:
6. 15 Säcke guten grünen Java-Caffee;

unter der Bedingung, daß die Waaren Nr. 4 — 6 zu einem gewissen Preise, und zwar Nr. 5. und 6. aus der Maschcopey Auction, zu haben seien. Sämmtliche Waaren, mit Ausnahme des sub 4. bemerkten Candieses, nach Probe. Wegen der Zahlung ward verabredet, daß die Absender (de Kuyper & Zoon) den Belauf der Factura in dreimonatlichen Wechseln auf das Handlungshaus Gorrison & Lutze in Hamburg trassiren sollten. Das Handlungshaus de Kuyper & Zoon führte diese Aufträge aus, indem es die sub 4. und 5. benannten Waaren noch etwas unter dem bestimmten Preise einkaufte, übersandte auch unterm 8ten October 1836, mit der Nachricht von der Verladung und der geschehenen Trassirung des Facturabelaufs von 3339 Mrk. 1 ß. Hamb. Bco. dem Besteller das Connossement vom 7ten desselben Monats und Jahres. Michels hatte aber bereits am 2ten October dem Scheele brieflich erklärt, daß er, wegen der angeblich schlechten Beschaffenheit des Rostocker Schiffes Friedrich Franz, Capitain Andreis, mit welchem die Waaren verladen worden, den verabredeten Wechsel nur unter der Bedingung acceptiren lassen werde, wenn man ihm für jede durch die Schlechtigkeit des Fahrzeuges verursachte Beschädigung der

Waaren einstehen wolle, und da Scheele dies wiederholt ablehnte, so wurde der Wechsel — nach dem als Anlage 7 zur Klage zu den Acten gekommenen Briefe der Trassaten vom 14ten October 1836 — nicht für Rechnung des Michels, sondern für Rechnung des Hauses J. de Kuyper & Zoon ausgelöst. Darauf langten im November desselben Jahres die Waaren an ihrem Bestimmungsorte an, wurden ausgeladen, und auf das Lager des Michels geschafft. Letzterer untersuchte dieselben, meldete als Resultat dieser Untersuchung dem Scheele, daß die Waaren fehlerhaft und resp. nicht probemäßig seien, und erklärte endlich, mittelst Schreibens vom 7ten November 1836, (Anlage 9 zur Klage), daß sämmtliche Waaren für Rechnung der Absender bei ihm lagerten, und er sich weigere, die Tratte derselben einlösen zu lassen.

Demzufolge reichte J. B. Scheele, in Vollmacht des Handlungshauses J. de Kuyper & Zoon den 9ten Januar 1837 bei dem Obergerichte zu R. eine Klage ein, worin er, gestützt auf die angegebenen Data, und unter Anlage der Factura, in welcher außer einer detaillirten Berechnung der Preise für die einzelnen Waaren die Summe von 100 fl. 90 Ct., und 57 fl. 8 Ct., erstere für gehabte Auslagen und Unkosten, letztere als zu 2 p. Ct. berechnete Provision aufgeführt sind, die Bitte stellt, „den Beklagten zur Bezahlung der gekauften und empfangenen Waaren nach dem Facturapreise von 3339 Mrk. 1 ß. Hamb. Bco. mit Zinsen zu 5 p. Ct. seit Zeichnung des Connossements, also seit dem 7ten October 1836, und mit allen erwachsenen Schäden, Coursverlust und Kosten zu verurtheilen, ref. exp.

Der Beklagte schützt in seiner Vernehmlassung vom 20ten April 1837 dilatorisch vor:

1. die exceptio deficientis cautionis pro expensis.

2. die exceptio libelli obscuri et inepti wegen mehrerer zwischen dem Inhalt der Klage und der Anlage 1 zu derselben (worin die Extracte der Briefe des Agenten d. d. Rostock den 22sten und 29sten August, den 1sten, 8ten, 12ten und 19ten September enthalten sind) stattfindenden Verschiedenheiten.

3. Die Einrede, daß zur Vervollständigung der Klage vorerst die Proben zu den Acten exhibirt werden müßten; und bittet:

4. wegen des zweifelhaften rechtlichen Fundaments der Klage, da aus derselben nicht hervorgehe, ob aus einem Kauf- oder aus einem Commissionsgeschäft geklagt werde, so wie:

5. deswegen, weil in Betreff der in fine der Factura — Anlage Nr. 2. — angeführten Summe von 100 fl. 90 Ct. nicht klar sei, ob und in wiefern dieselben mit den vom Beklagten gemachten Bestellungen zusammenhingen, und weil die einzelnen Ansätze nicht gehörig specificirt und mit Belegen versehen seien, auch die 2 p. Ct. Provision durch nichts gerechtfertiget, mindestens aber zu hoch angesetzt worden,

die Klage, refusis expensis, angebrachtermaßen abzuweisen.

6. Eventuell contestirt Beklagter litem, indem er leugnet:

1. daß die dem Gegner mandatario nomine des Handlungshauses J. de Kuyper & Zoon gemachten Bestellungen so lauteten, wie in der Klage angegeben, und dagegen, mit Berufung auf sein Ordrebuch, bemerkt, wie die Aufträge wirklich gelautet haben sollen;

2. daß die ihm gelieferten Waaren, deren Empfang er einräumt, von probemäßiger Beschaffenheit gewesen seien;

und opponirt demnächst, mit Bezug auf Nr. 2. der Einlassung, peremtorisch:

a. die Einrede des nicht zu Stande gekommenen Geschäfts;

b. die Einrede des nicht oder doch nicht gehörig erfüllten Contracts;

ferner, mit Bezug darauf, daß an dem Sack Nr. 22. des Sumatra-Caffees 71 Pfd. gefehlt hätten, und zweitens, daß der Gegner Verzugszinsen zu 5 p. Ct. seit Zeichnung des Connossements verlange, während doch die Wechsel, durch welche die Zahlung beschafft werden sollte, nach 3 Monat a dato zahlbar gewesen;

c. die Einrede der Zuvielforderung.

Schließlich offerirt er dem Gegner die bei ihm, dem Beklagten, gelagerten Waaren gegen Erstattung der Assecuranz, und anderweitiger Unkosten, deren Specification vorbehältlich.

Das Gericht gab hierauf zwar dem Kläger auf, vor Weiterem erst den dilatorischen Einreden sub poena absolutionis rei ab instantia abzuhelfen, änderte jedoch, als der Kläger die Cautionseinrede durch Bezugnahme auf den in den Händen des Beklagten befindlichen Waaren-Werth zu beseitigen versucht hatte, seine Bestimmung dahin ab, daß es dem Kläger binnen 14 Tagen mit seiner Replik hervorzugehen gebot, und die Cautionseinrede für erledigt erkannte, unter Aussetzung des Kostenpunktes bis zur Entscheidung in der Hauptsache. Der Beklagte ergriff nunmehr deshalb, weil das Gericht das frühere Decret, welches sämmtlichen dilatorischen Einreden abzuhelfen geboten, abgeändert, so wie deshalb, weil sein Antrag auf Verkauf der Waaren und Zahlung des Betrags ad depositum, bei dem Widerspruch des Klägers, von dem Gericht, unter Verstellung des Kostenpunktes bis zur Entscheidung in der Hauptsache verworfen war, das Rechtsmittel der Querel, wurde jedoch vom Oberappellationsgericht unterm 24sten Juli 1837 abschläglich beschieden. Hierauf ging am 5ten October die Replik des Klägers ein. Er sucht:

ad 2. Die Einrede der dunklen und verworrenen Klage zu beseitigen, indem er theils behauptet, daß die Anlage Nr. 1. zur Klage einen Theil der letzteren ausmache, und die Klage da, wo sie weniger enthalte, ergänze, — theils die Abweichungen beider von einander als unwesentlich oder scheinbar darzustellen sich bemüht.

ad 3. bemerkt Kläger, daß er sich nicht mehr im Besitz der verlangten Proben befinde und auch zur Edition derselben nicht verpflichtet sei, da es Sache des Beklagten gewesen, von der ihm vorgelegten großen Probe kleinere zu nehmen und aufzubewahren, indem der Beweis der vorgeschützten exceptio non rite adimpleti contractus, nicht den Kläger, sondern den Beklagten treffe.

ad 4. Es sei aus dem Inhalt der Klage und der Anlage Nr. 2. vollkommen klar, daß dem klägerischen Anspruch eine Einkaufscommission und kein Kaufgeschäft zum Grunde liege.

ad 5. Die Ansätze, welche die Summe von 100 fl. 90 Ct. bildeten, seien einzeln, so viel als nöthig, specificirt, und bezögen sich auf die mit der Ausführung des vom Beklagten gemachten Auftrags nothwendig verbundenen Unkosten. Die Forderung der 2 p. Ct. Commissionsprovision vom ganzen Facturabelauf sei durch allgemeinen Handelsgebrauch gerechtfertigt.

ad 6. In Bezug auf die Litiscontestation erwidert Kläger, daß das Ordrebuch des Beklagten unrichtig oder mindestens unvollständig geführt sei, und daß sämmtliche

Waaren wenigstens zur Zeit ihrer Verladung von probemäßiger Beschaffenheit gewesen. — Jedenfalls habe sich Beklagter durch die Annahme der Waaren zur Zahlung verpflichtet.

Sodann wird:

ad c. in Bezug auf die Einrede der Zuvielforderung das Mindergewicht des einen Sacks Sumatra-Caffee in Abrede genommen, und das hinsichtlich der Verzugszinsen gestellte Petitum dadurch gerechtfertigt, daß die dereinstige Zahlung in Hamb. Banco-Wechseln ausgeführt werden müsse, bis zu deren Eincassirung eben so viel Zeit vergehe, als die ursprünglichen Wechsel zu laufen hätten.

Beklagter duplicirte hierauf am 19ten November:

ad 3., das Vorbringen des Gegners sei unwahr. Dieser habe es stets ausgeschlagen, eine Probe zu geben, und versprochen, selbst eine solche aufzubewahren. — Die Probemäßigkeit der Waaren gehöre mit zum Klagegrunde und müsse vom Kläger bewiesen werden.

ad 4. Die Annahme eines Commissionsgeschäfts sei nach dem Inhalt der Klage nicht unbedingt nothwendig. Beklagter behauptet vielmehr, daß, mit Ausnahme der 10 Säcke grünen Sumatra-Caffee (in Betreff welcher allein die Preise bei der Bestellung limitirt gewesen seien) wegen der übrigen Waaren ein Kaufgeschäft abgeschlossen sei, und dafür spreche namentlich auch die Thatsache, daß Proben eingesandt worden.

ad 5. Die Auslagen seien zu hoch angesetzt und die geforderte Provision erscheine, da die klägerischen Mandanten dem Beklagten hauptsächlich als Verkäufer gegenüberständen, überall nicht gerechtfertigt, eventualiter bestreite man auch, daß bei Commissionsgeschäften 2 p. Ct.

üblich seien, namentlich berechne sich in Hamburg kein Commissionair mehr als 1½ p. Ct.

ad 6. Aus der bloßen Empfangnahme der Waaren dürfe man nicht folgern, daß dieselben vom Empfänger gebilliget seien, und treffe Beklagten nicht die Verpflichtung, die Waaren vor der Empfangnahme zu untersuchen.

ad c. Die klägerischen Mandanten hätten sich schon durch den angenommenen höhern Cours Zinsen bis zum Verfalltage berechnet, so daß die behauptete Ausgleichung nicht stattfinde.

Nach verfehlter Güte erfolgte am 28sten April 1838 die Publication der ersten Sentenz.

Das Obergericht, — nachdem es die vom Beklagten vorgebrachten dilatorischen Einreden für beseitigt erachtet und resp. verworfen hatte, — verurtheilte den Beklagten der Klagbitte gemäß, mit Einschluß der über den beantragten Verkauf der Waaren vorbehaltenen Kosten, er könnte denn beweisen:

1. daß weder überhaupt, noch theilweise ein Einkaufscommissionsgeschäft, sondern vielmehr ein reiner Kaufhandel vorliege;

2. daß die libellirten Waaren bei ihrer Empfangnahme nicht probemäßig gewesen, vielmehr die in actis Nr. 5. pg. 20 bis 22. Nr. 1 — 6. aufgeführten Mängel gehabt; und eventualiter:

3. daß und wie viel hienach der Preis im Verhältniß zu dem facturirten niedriger zu stellen sei;

4. daß an dem Sack Sumatra-Caffee Nr. 22. bei der Empfangnahme 71 Pfd. des Facturagewichts gefehlt hätten;

5. daß und in wie weit die zu 100 fl. 90 Ct. berechneten Auslagen und Unkosten ungehörig oder übersetzt seien;

6. daß die Commissionsprovision nur mit 1½ p. Ct. nach allgemeiner Handelsüsance passiren könne;

7. daß die Berechnung der Zinsen bis zur Wechselsverfallzeit schon in der Coursberechnung von holländischen Gulden zu hamburger Banco liege;

worauf, dem Kläger den eigentlichen Gegenbeweis und rücksichtlich der Beweissätze sub 2. 3. und 4. auch den Beweis:

daß die libellirten Waaren bei ihrer Verladung zu Rotterdamm von probemäßiger guter Beschaffenheit, mithin frei von den vom Beklagten gerügten Fehlern, und das Gewicht des Sumatra-Caffees mit dem Facturagewicht übereinstimmend gewesen,

vorbehältlich, in der Sache, so wie der Schäden und Kosten halber weiter ergehen werde, was Rechtens.

Die

Gründe

lauten so:

I. Was rücksichtlich der dilatorischen Einreden diejenige wegen der Caution für die Prozeßkosten betrifft, so ist selbige nach dem Zugeständnisse des Beklagten in der Duplik so weit schon für erledigt erklärt, daß nur noch die wegen dieses Punkts entstandenen Kosten zur Frage stehen, darüber weiter unten das Nöthige vorkommen wird. Die Einreden der dunkeln und mangelhaften Klage aber, in so weit sie sich darauf beziehen, daß die Klage mit deren Anlagen nicht harmonirt, weil letztere Mehreres enthalten, was in erstere nicht mitaufgenommen worden, erledigen sich vollständig durch die klägerischen Ausführungen in replicis, da nichts darauf ankommt, ob und wie viel aus den zur Klage gehörigen, und schon an sich einen Theil derselben bildenden Anlagen in ersterer mit extrahirt wird. Auch ist hier der Streit darüber, daß die Angaben des Klägers in der Klage und deren Anlagen rücksichtlich der nähern Bezeichnung der Qualität der vom Beklagten bestellten Waaren angeblich mit des Letzteren Ordrebuche nicht in allen Punkten übereinstimmt, ein müssiger, da Beklagter die Waaren „nach Probe" bestellt und gekauft haben will, und es also am Ende allein nur darauf ankommen kann, ob sie probemäßig geliefert sind, oder nicht, darüber die weitere Erörterung nachhin folgen wird. Ebenso gleichgültig ist es, daß Kläger laut Anlage I. zur Klage seinen Mandanten rücksichtlich der unterm 29sten August 1836 committirten Waaren den Rembours auf G. H. Kämmerer aufgegeben und gleich hinterher dies dahin verbessert hat, daß derselbe auf Gorrisson & Lutze zu stellen sei. Auf letzteres Handlungshaus ist demnach dem Willen des Beklagten gemäß der ganze Belauf gezogen, und es thut nichts zur Sache, ob jene anfängliche Abweichung in einem jedenfalls entschuldbaren Versehen des Klägers, oder in dem veränderten Willen des Beklagten ihren Grund gehabt haben mag.

II. Der Beklagte bestreitet an sich nicht, den Kläger zur Bestellung der libellirten Waaren bei dessen Mandanten für ihn beauftragt zu haben, und er hat die Einrede der fehlenden Legitimation nicht vorgeschützt. Dagegen glaubt er eine Dunkelheit der Klage in dem Umstande zu finden, daß daraus nicht zu ersehen, ob aus einem reinen Kaufhandel oder aus einem Commissionshandel geklagt werde, und er vermeint, daß der erstere hier stattfinden müsse, daher denn auch die in der Anlage 2. enthaltene Commissionsprovision keinen Bestand haben könne. Allein diese Ansicht ist unrichtig. Der Kläger hat offenbar, wie eben aus der Provisionsberechnung hervorgeht, welche in der Anlage, auf welche in der Klage Bezug genommen und welche als Theil derselben zu betrachten, enthalten ist, den Beklagten aus einem Einkaufs-Commissionshandel in Anspruch genommen, und es war bei dem Zusammenhang der Klage mit der Anlage nicht nothwendig, dies genau in ersterer zu bezeichnen, während daraus, daß nach Klägers Angabe der Preis für einen Theil der Waare fest bestimmt, oder daraus, daß Proben eingesandt werden, noch nicht das Gegentheil, also dies, daß ein reiner Kaufhandel abgeschlossen, folgt, da eine Commission sehr wohl auch ohne limitum auf einen bestimmt festgesetzten Preis, und nach Proben über Waaren, die am Platze des Commissionairs, aber nicht bei ihm selbst zu haben, oder von seinen eigenen Vorräthen entnommen, übernommen werden kann. Den Mandanten des Klägers hat es aber auch freistehen müssen, den von Letzterem, als ihrem Agenten, mit dem Beklagten contrahirten Handel als Commission und nicht als reinen Kaufhandel zu übernehmen und auszuführen, da Beklagter nicht zu behaupten vermocht, daß er die fraglichen Waaren durch den Kläger von dessen Mandanten eigenen Vorräthen gekauft habe, vielmehr aus seinen eigenen Angaben so viel erhellt, daß er es bei einer mündlichen allgemeinen Bestellung derselben bewenden lassen, daher es in der Willkür der klägerischen Mandanten gestanden, den Auftrag als Commission oder als Kaufhandel, also als Einkauf für den Committenten oder als Verkauf ihrer eigenen Waaren an den Letzteren, als Käufer, zur Ausführung zu bringen.

III. Eben deshalb hat auch in dieser Beziehung in dem Erkenntnisse der desfallsige Einwand des Beklagten nur dahin Berücksichtigung finden können, daß ihm der Beweis freigelassen ist, die klägerischen Mandanten hätten sich nicht als Commissionairs gerirt, also nicht Waaren für ihn eingekauft, sondern die ihm zugesandten Waaren vielmehr alle oder theilweise von ihrem eigenen Lager entnommen, welches ihnen als Commissionairs nicht zustand, und welcher Umstand, falls er zu erweisen, allerdings auf die Sache selbst sowohl, als auf die Nebenpunkte, Provision, berechnete Auslagen u. s. w. von Einfluß sein würde [1]).

IV. Der Beklagte ist freilich durch die Empfangnahme der Waaren an sich nicht unbedingt zur Zahlung des Kaufpreises pflichtig geworden, und es versteht sich von selbst, daß die desfallsige Vorschrift des Rostocker Stadtrechts Th. 3. Tit. 4. Art. 16. auf von auswärts her hier ankommende Waaren gradezu keine Anwendung findet, vielmehr dem Empfänger auch nach deren Empfang seine Einwendungen gegen die Beschaffenheit oder sonstige auftragsmäßige Lieferung frei bleiben, nur daß er sich aller einseitigen Disposition über die Waare zu begeben, und daß er thunlichst bald dem Absender oder dessen Bevollmächtigten seine Erklärung wegen Nichtgenehmigung des Handels kund zu geben hat. Ebenso wird nicht zu bezweifeln sein, daß bei einem Handel „nach Probe" der Käufer oder Committent den Handel nur unter der Voraussetzung genehmigt hat, daß die Waare probegemäß werde geliefert werden, daher ihm denn, eben weil bei diesem Handel die stillschweigende Vereinbarung der Contrahenten anzunehmen ist, daß die Probe als Basis des Handels angesehen werden solle,

---

1) cf. Meno Pöhls Darstellung des Handelsrechts. Hamb. 1828. Bd. 1. §. 113. S. 255, 256.

freisteht, von dem Handel abzugehen und die empfangene Waare zurückzugeben, falls dieselbe nicht der Probe gemäß beschaffen ist [1]), wenn er es nicht vorzieht die Waare zu behalten, und wegen der Unprobemäßigkeit oder sonstigen Mangelhaftigkeit nur einen Abzug vom Kaufpreise ermitteln zu lassen.

V. Insofern also Kläger von der Ansicht ausgeht, Beklagter habe durch Annahme und Empfang der committirten Waaren sich unbedingt zur Zahlung des Kaufpreises pflichtig gemacht, ist selbige unrichtig. Eine andere Frage aber ist die, ob es dem Interesse des Beklagten nicht entsprechend gewesen wäre, um sich demnächst den Beweis rücksichtlich der ordre- und probewidrigen Qualität der Waaren zu sichern und solchen Beweis nach der in dem Bescheide des Großherzoglichen Oberappellationsgerichtes de 24sten Juli 1837 bereits enthaltenen Andeutung sofort in perpetuam rei memoriam antreten zu können, statt des Empfangs der Waaren und deren Unterbringung in seine Behausung, diejenigen Maaßregeln zu treffen, deren Beklagter in den Exceptionalen und in der Duplik gedenkt. Denn es trifft den Beklagten der Hauptbeweis, nämlich dahin, daß die Waaren bei ihrer Ankunft hieselbst nicht von ordre- und probemäßiger Beschaffenheit, auch resp. fehler- und mangelhaft gewesen, jetzt aus einem dreifachen Grunde: einmal, weil er sich im Besitze der Waaren befindet und also über die Identität derselben allein Auskunft geben kann. Dann zweitens, weil seine Ausstellungen gegen die Qualität der Waaren exceptiones non rite adimpleti contractus enthalten, indem er nicht in Abrede nimmt, daß klägerischer Seits überhaupt der geschlossene Contract erfüllt sei, sondern vielmehr behauptet, daß Kläger den Contract nicht auf die verabredete, oder in beauftragter Art, nicht debito modo oder völlig erfüllt haben, dergleichen Einreden aber den dieselben vorschützenden Beklagten treffen [2]). Endlich drittens, weil Beklagter die Waaren „nach Probe" bestellt und gekauft haben will, nach seinem eigenen Zugeständnisse aber von der erhaltenen Probe

---

1) cf. Meno Pöhls l. c. §. 80. S. 165. Heise und Cropp Jurist. Abhdl. Hamb. 1827. Bd. I. Nr. 13. S. 216, 217.

2) cf. J. A. D. Weber Verbindlichkeit zur Beweisführung. Nr. VI. S. 268. von Bülow und Hagemann prakt. Erört. 1. Bd. Nr. 25. S. 126 und 4. Bd. Nr. 78. S. 440.

nichts zurückbehalten; selbige vielmehr wieder weggegeben hat. Bei einem Handel nach Probe liegt aber dem Käufer die Verbindlichkeit ob, die erhaltene Probe sorgfältig und in unverändertem Zustande aufzubewahren, damit nach ihr, als der Grundlage des Handels, demnächst, wenn zwischen den Contrahenten über die gehörige Beschaffenheit der Waaren Differenzen entstehen sollten, deren Untersuchung von Sachverständigen möglich ist. Möchte nun auch sonst der Verkäufer oder Commissionair beim Handel nach Probe den Beweis der Probemäßigkeit zu führen haben, so ist Käufer, wenn er es an der sorgfältigen Aufbewahrung der Probe hat ermangeln lassen, den Beweis der Unprobemäßigkeit zu übernehmen schuldig [1]).

VI. Daß bei von auswärts committirten oder verschriebenen Waaren die Gefahr derselben von dem Augenblick an, da der Commissionair das Eigenthum daran für den Committenten erwirbt, auf den Käufer übergeht, den Verkäufer mithin die Seegefahr, Beschädigungen im Schiffe überall nicht tangiren, ist ein nicht zu bestreitender Rechtsgrundsatz, und ist daher dem Beklagten durch den in der Sentenz dem Kläger freigelassenen Gegenbeweis gewiß nicht zu nahe geschehen, zumal in der Praxis es noch nicht ausgemacht, vielmehr sehr zweifelhaft ist, ob nicht der exceptionem non rite adimpleti contractus vorschützende Käufer selbst dies beweisen müsse, daß die gerügten Mängel und Fehler, oder sonstige Ordrewidrigkeiten, schon vor der Verladung stattgefunden [2]).

VII. Der Committent ist verbunden, dem Commissionair die von demselben bezahlten Speesen und gehabten Unkosten zu erstatten, und da Kläger selbige in der Factura gehörig specificirt haben, eine noch nähere Darlegung derselben, so wie die Beibringung von Belegen, aber weder üblich, noch bei solchen Gegenständen im Handelsverkehr durchweg thunlich und ausführbar ist, so hat in dieser Beziehung dem Beklagten nur in geschehener Art Beweis freigelassen werden können.

VIII. Nach dem Zeugnisse von Meno Pöhls [3]) läßt sich wohl innerhalb Europa's ein Herkommen behaupten, nach welchem im Zwei-

---

1) cf. Heise und Cropp Jurist. Abhdl. Bd. 1. Nr. 13. §. 4. S. 212. 213.

2) cf. C. W. Ascher's Rechtsfälle aus dem Handelsrecht. Thl. 3. Heft 4. Nr. V. S. 87—98. Hamb. 1837.

3) Handelsrecht. Bd. 1. §. 115. S. 267.

sel die dem Commissionair zukommende Provision 2 p. Ct. beträgt. Beklagter behauptet dagegen, daß die von Klägern angesetzten 2 p. Ct. zu viel, und nur 1½ p. Ct. herkömmlich seien, daher ihm hierüber der Beweis freizulassen ist. — Dagegen ist seine Annahme, daß die Provision nur von dem Kaufgelde für die Waare selbst, und nicht, wie geschehen von dem ganzen Facturabelauf zu berechnen sei, offenbar unrichtig, vielmehr ist der Brutto-Betrag für den Commissionair, der nicht bloß die Waaren für den Committenten berichtigt, sondern auch die übrigen Auslagen für denselben bestritten hat, der wahre in Betracht kommende Betrag [1]).

IX. Der Commissionair ist befugt, von seinen sämmtlichen Auslagen sich Zinsen zu berechnen, und da beim Commissionsgeschäfte in diesem Bezug andere Grundsätze, als beim gewöhnlichen Kaufhandel gelten, so ist die Forderung der Zinsen vom Tage der Zeichnung des Connossements den Klägern zuzugestehn, dem Beklagten aber auch der Beweis, daß erstere sich die Zinsen schon anderweitig bis zur Verfallzeit des gezogenen Wechsels berechnet gehabt, nicht abzuschneiden gewesen.

X. Die Bestimmung über die Schäden und Kosten bedarf an sich keiner weiteren Erörterung, da deren Erstattung an den Kläger aus der Sachfälligkeit des Beklagten für diesen von selbst folgt, für den Fall der Beweisführung aber auch dieserhalb das Weitere vorbehalten ist, dabei eine Ausnahme rücksichtlich der Verhandlungen über den Kosten-Cautionspunkt und das vom Beklagten beantragte Interimisticum um so weniger zutreffen würde, als Beklagter, da er rem et pretium im Besitz hat, ganz unnöthig und widerrechtlich Caution für die Prozeßkosten prätendirt gehabt, mit dem Antrag auf ein Interimisticum aber zurückgewiesen ist, ihm also die in beider Hinsicht entstandenen Kosten resp. allein zur Last fallen und von ihm dem Kläger zu erstatten sind.

Dieses Erkenntniß wurde vom Beklagten durch das Rechtsmittel der Appellation und Querel angefochten, und durch die Sentenz des O.A.G. vom 30sten Januar 1840

1) Pöhls a. a. O.

theilweise dahin abgeändert, daß dem Kläger der Beweis auferlegt ward:

1. daß die in der Klage sub 1. 2. 3. 5. und 6. bemerkten Waaren bei ihrer Verladung zu Rotterdamm von probemäßiger,

2. daß der ebendaselbst sub 4. bemerkte Candies hellbraun und von guter Beschaffenheit gewesen;

3. daß von dem daselbst sub 5. erwähnten Sumatra-Caffee der Sack sub Nr. 22. bei der Verladung die in der Factura bemerkte Quantität Caffee enthalten;

4. daß sämmtliche Waaren auf die bei Versendungen dieser Art zum Zweck der Conservation übliche Weise verladen worden;

dem Beklagten aber nicht nur der Gegenbeweis, sondern auch salva reprobatione der Beweis vorbehalten bleibe:

1. in Ansehung der Auslagen und Speesen, daß und in wie weit dieselben ungehörig oder übersetzt seien;

2. in Betreff der Provision,

entweder:

daß des Klägers Mandanten die libellirten Waaren alle oder zum Theil, und welche derselben von ihrem eigenen Lager entnommen, und daß mithin weder überhaupt, noch theilweise, ein Einkaufscommissionsgeschäft, sondern vielmehr ein reiner Kaufhandel vorliege [1]);

oder:

daß die in Ansatz gebrachten 2 p. Ct. Commissionsprovision nur mit 1½ p. Ct. nach allgemeiner Han-

---

1) „Und daß — vorliege" dürfte irrelevant sein.

delsusance oder nach Rotterdammer Handelsusance passiren können;

worauf, mit der Bestimmung, daß dem Kläger eventualiter in Ansehung des Zinsenpunktes allemal nur Zinsen zu 5 p. Ct. pro anno seit dem 7ten Januar 1837 zuzusprechen seien, in der Hauptsache und der Kosten halber weiter ergehen solle, was Rechtens. Die Kosten der Appellations-Instanz wurden compensirt.

Die

Gründe

lauten:

1. Nach den Anlagen der Klage hat der Kaufmann J. B. Scheele, als Agent des Handlungshauses Johann de Kuyper & Zoon zu Rotterdam mehrere Bestellungen auf Caffee und Zucker entgegengenommen und ausgerichtet. Die angelegte Factura besagt ausdrücklich: es seien die Waaren auf Ordre des Beklagten gekauft.

In der Klage heißt es, es sei der Auftrag ertheilt, Waaren zu verschreiben, mit bestimmten Vorschriften über Beschaffenheit, Quantum und Kaufpreis; die Mandanten des Agenten hätten diesen Auftrag ausgerichtet, gewisse Kisten Candies und Säcke Caffee unter dem limitirten Preise angekauft u. s. w.

Darnach steht nicht zu bezweifeln, daß Kläger aus einer Einkaufscommission als Commissionaire haben klagen wollen, und wenn es hin und wieder heißt „Beklagter habe gekauft," so ist dabei zu subintelligiren „durch die dritte Hand."

Beklagter gibt excipiendo wesentlich zu, daß er nach Ausweis seines Ordrebuchs die Bestellungen quaest. dem Gegner, mandatario nomine des klagenden Handlungshauses, gemacht habe, ohne dabei anzuführen, wie er bestimmt verlangt habe, die Waaren unter den gestellten Bedingungen von dem Handlungshause selbst zu kaufen. Es ist also anzunehmen, daß ihm nur darum zu thun gewesen, die Waaren in der gewünschten Quantität und Beschaffenheit und zu dem bestimmten oder einem geringeren Preise zu erhalten, gleichviel ob dies bewirkt werde durch unmittelbaren oder durch vermittelten resp. Verkauf und Kauf.

2. Für die rechtliche Beurtheilung bleibt indeß die Frage, ob das von den Parteien abgeschlossene Rechtsverhältniß nach den Grundsätzen des Kaufs und Verkaufs oder nach den bei der Einkaufscommission geltenden Normen zu beurtheilen, nur etwa in Bezug auf die mitlibellirte Provision erheblich, indem diejenigen Rechtsgrundsätze, auf welche es bei der jetzigen Entscheidung hauptsächlich ankommt, bei beiden jenen contractlichen Verhältnissen im Wesentlichen zusammentreffen.

3. Zunächst nämlich ist es ein bei der Einkaufscommission nicht streitiger Grundsatz, daß der Commissionair, bei Ausrichtung der ihm ertheilten Commission, die ihm von dem Committenten bestimmt gesetzten Bedingungen genau einzuhalten verpflichtet, so wie daß der Committent zur Annahme der für ihn eingekauften Waare und zur Berichtigung der dem Commissionair erwachsenen Kosten nicht verbunden ist, sobald die Ausrichtung dem ertheilten Auftrage nicht entspricht [1]).

4. Dasselbe gilt beim Kaufcontract, denn auch hier liegt dem Verkäufer ebensowohl die Verpflichtung ob, die verkaufte Waare in der bedungenen Beschaffenheit zu liefern, wie dem Käufer das Recht zusteht, die Annahme der contractswidrig beschaffenen Waare und demgemäß die Berichtigung des stipulirten Kaufgeldes zu verweigern. — Wenn daher die dem Beklagten übersandte Waare, wie dieser behauptet, die contractlich bestimmte Beschaffenheit nicht gehabt hat, und eine ohne Widerspruch auf Seiten des Beklagten erfolgte Annahme derselben nicht vorliegen sollte, so würde die auf Berichtigung des Kaufgeldes erhobene Klage sich als unbegründet darstellen, man mag dabei von dem Gesichtspunkte eines Commissionsgeschäfts oder eines Kaufcontracts ausgehen.

5. Ein gleiches Resultat ergibt sich aber auch ferner in Bezug auf die Frage über die Beweislast, da die geschehene Erfüllung des ertheilten, in der Anschaffung und Ablieferung der bedungenen Waare beruhenden Auftrages für den Commissionair ebensowohl, wie die erfolgte Uebergabe der verkauften Waare in der contractlich stipu-

1) Mittermaier deut. Privatrecht §. 497. Meno Pöhls Handelsrecht. Thl. 1. S. 251. Maurenbrecher gem. deut. Recht. Thl. 2. §. 352. Bender Grundsätze des deutschen Handlungsrechts Thl. 1. S. 214.

lirten Beschaffenheit für den Verkäufer einen wesentlichen Theil der Klageberechtigung ausmacht, — beiden mithin auch da, wo diese Contractserfüllung bestritten ist, die Verpflichtung zur desfallsigen Beweisführung an sich und insofern obliegt, als auf Seiten des Committenten oder Käufers eine wirkliche Annahme der gelieferten Waare nicht bereits erfolgt ist.

6. Nach erfolgter dieser Annahme hat nämlich der zur Lieferung Verpflichtete seiner Seits die, mindestens in einer äußerlich tadelsfreien Form eingetretene Erfüllung seiner contractlichen Obliegenheiten für sich, so daß der andre Contrahent, einerlei, ob Committent oder Käufer, nunmehr, will derselbe dessenungeachtet aus der, den contractlichen Verabredungen angeblich nicht entsprechenden, Beschaffenheit der angenommenen Waare Rechte für sich herleiten, die desfallsigen factischen Momente als exceptio non rite impleti contractus geltend zu machen und zu erweisen verbunden ist [1]).

7. Bei dem gegenwärtigen Rechtsstreite kommt es diesem nach hauptsächlich auf die Ermittelung an, ob anzunehmen steht, daß der Beklagte die ihm von den Mandanten des Klägers übersandten Waaren wirklich angenommen? Eine hierauf gerichtete ausdrückliche Erklärung des Beklagten ist selbst vom Kläger nicht behauptet; mithin wird zu erwägen sein, ob anderweitige Handlungen des Beklagten vorliegen, welche einen concludenten Schluß auf eine solche Acceptation rechtfertigen.

8. In dieser Beziehung folgt zunächst daraus, daß der Beklagte die im Hafen zu Rostock angelangte, vom dortigen Strande nach seinem Speicher transportirte, auf ihn facturirte Waare geständlich bei sich aufgenommen, überall Nichts; denn der Committent oder Käufer, welcher in Folge voraufgegangener Bestellung Waare von auswärts zugesandt erhält, ist an und für sich zu deren Aufnahme verpflichtet, und die Verpflichtung bringt wiederum die Verbindlichket von selbst mit sich, die zur Aufnahme erforderlichen Maaßregeln zu ergreifen. Aus den zu diesem Zweck getroffenen Vorkehrungen läßt sich hiernach nur die stillschweigende Erklärung, daß er aufnehmen, nicht aber, daß er annehmen will, herleiten.

---

1) Mühlenbruch Entw. des Civ.-Proz. §. 361. Weber Verbindlichkeit zur Beweisführung. Ausg. durch Heffter §. 27.

9. Eine bestimmte gesetzliche Vorschrift, welche es den Rostocker Kaufleuten zur Pflicht macht, die von auswärts für sie angelangte Waare vor der Aufnahme einer vollständigen Besichtigung, unter Zuziehung von Sachverständigen, eventualiter unter öffentlicher Autorität, um die Beschaffenheit derselben zu constatiren, zu unterwerfen, ist nicht vorhanden. Das Rostocker Stadtrecht [1]) bestimmt zwar:

„wenn Jemand etwas, es sei, was es für Gut wolle, kauft,
„wenn er dasselbe zuvor zur Genüge besehen, da es kann besehen
„werden, solches muß er bezahlen," —

enthält aber Nichts von einer Verpflichtung jener Art, und schließt die Befugniß des Kaufenden, die eigene Besichtigung in seiner eigenen Behausung vorzunehmen, nicht aus, trifft mithin auf das vorliegende Verhältniß um so weniger zu, als dergleichen von auswärts übersandte Waaren auf Seiten des Empfängers in der Regel erst nach stattgehabter Entgegennahme besehen werden können.

10. Weiter hat der Beklagte eingeräumt, die in seinem Speicher aufgenommenen fraglichen Waarenkisten u. s. w. selbst zum Theil geöffnet zu haben; allein da die demselben zur Gewinnung der Ueberzeugung von der contractlichen Beschaffenheit der Waare unbestritten zustehende Besichtigung derselben der Natur der Sache nach nicht ohne zuvorige Eröffnung der zur Verpackung benutzten Behältnisse realisirt werden konnte, so kann in rechtlicher Beziehung auch hieraus auf eine wirklich erfolgte Annahme Nichts gefolgert werden.

11. Ueberdies hat der Beklagte in den vom Kläger in den Anlagen 8 und 9. zur Klage selbst beigebrachten Briefen, und zwar in dem Briefe vom 6ten November 1836 sich bestimmt dahin ausgesprochen, „daß er sämmtliche Waaren überhaupt noch näher untersuchen werde, bevor er seine definitive Erklärung darüber abgeben könne," — und in dem Briefe vom 8ten ejusdem diese vorbehaltene Erklärung ebenso bestimmt dahin abgeben, daß sämmtliche Waaren für Rechnung der klägerischen Mandanten lagerten, und solche zur Disposition derselben verstellt, die Annahme mithin ausdrücklich verweigert. Verspätet war diese Weigerung keineswegs, da, wenn auch ein fortgesetztes Schweigen des Empfängers als Annahme gelten muß, und derselbe zur baldmöglichsten desfallsigen Anzeige verpflichtet ist, doch auf

1) Thl. 3. Tit. 4. Art. 16.

der andern Seite eine bestimmte Frist, während welcher diese Anzeige zu beschaffen, gesetzlich nicht vorgeschrieben ist, es vielmehr in dieser Rücksicht auf die jedesmaligen Umstände ankommt [1]), den vorliegenden Umständen nach aber bei jenen, schon resp. am 2ten und 4ten Tage nach dem am 4ten November erfolgten Eintreffen der fraglichen Waaren abgegebenen Erklärungen eine etwanige Saumseligkeit des Beklagten um so weniger anzunehmen steht, als die nähere Besichtigung der Waaren nicht ohne Zeitaufwand erfolgen konnte, und der Beklagte auf diese vor Abgabe seiner definitiven Erklärung ein wohlbegründetes Recht hatte.

12. Dem Vorstehenden nach liegt also zur Zeit nicht vor, daß klägerischer Seits die zur factischen Begründung der Klage wesentliche Contractserfüllung, insoweit der Beklagte diese in Bezug auf die festgesetzte Beschaffenheit der Waaren bestritten, wirklich nachgewiesen worden. Wenn aber vor erfolgter Nachweisung weder eine Verurtheilung noch eine Verpflichtung des Beklagten zur Beweisführung eintreten kann, so folgt hieraus weiter, daß nicht, wie in dem vorigen Urtheil geschehen, dem Beklagten, sondern zunächst dem Kläger der Beweis jener bestrittenen, zum Klagefundament gehörigen, Thatsachen aufzuerlegen gewesen ist.

13. In Ansehung desjenigen Theils der libellirten Waaren, welcher nach dem übereinstimmenden Zugeständnisse beider Parteien von dem Beklagten, laut demselben zuvor vorgelegter Probe, bestellt worden, könnte es freilich den Anschein gewinnen, als wenn aus dem in dem vorigen Urtheil, mit Bezug auf Heise und Cropp [2]) hervorgehobenen Grunde die desfallsige Verpflichtung zur Beweisführung auf den Beklagten übergegangen wäre. — Allein dieser Grund trifft in concreto um deswillen nicht zu, weil Kläger selbst nicht behauptet hat, daß er bei Vorzeigung der Probe die Annahme derselben von dem Beklagten verlangt, oder solche demselben wirklich eingehändigt habe.

14. Die eigene klägerische Ausführung in der Replik beschränkt sich vielmehr darauf, daß dem Beklagten eine größere Probe vorgelegt und es ihm überlassen worden, ob derselbe hievon sich eine klei-

---

1) Meno Pöhls cit. pag. 260.

2) Jur. Abhdl. Bd. I. Nr. 13. §. 4. S. 212. 213.

nere Probe nehmen wolle. Eine wirkliche Einhändigung der Probe, welche für den Beklagten die Verpflichtung zur Aufbewahrung zur Folge gehabt haben würde, hat also nach der eigenen Behauptung des Klägers nicht stattgefunden, und somit kann dem Letzteren das, in der im eigenen Verwahrsam desselben gebliebenen Probe enthaltene Beweismittel zur Darlegung der gehörigen Beschaffenheit der Waare auch nicht durch die Schuld des Beklagten entzogen — bei mangelnder solchen Verschuldung aber ebensowenig von einer Prästation des desfallsigen, in der Abnahme der Beweislast beruhenden, Interesses die Rede sein.

15. Die vom Beklagten und Appellanten aufgestellten gravamina erscheinen diesem nach in der Hauptsache allerdings darin begründet, daß nicht zuvörderst dem Kläger der Beweis des erwähntermaaßen bestrittenen Klagegrundes injungirt werden. Dieser Beweis hat aber auch ferner so, wie das heutige Urtheil besagt, auf der einen Seite auf den Zeitpunkt der zu Rotterdam stattgehabten Verladung der Waaren beschränkt, und auf der andern Seite auf die, zum Zweck der Conservation derselben geschehene gehörige Verladung ausgedehnt werden müssen, weil allemal mit der erfolgten Absendung der gehörig verpackten Waaren die Gefahr auf den Beklagten überging, eine etwa später in der Beschaffenheit derselben eingetretene Veränderung mithin zur Elidirung des klägerischen Rechts auf Berichtigung des stipulirten Preises nicht geeignet sein würde.

16. Ob das ganze Rechtsverhältniß aus dem Gesichtspunkte des Kaufcontracts, oder der Einkaufscommission beurtheilt wird, begründet auch hier keinen Unterschied, da in concreto die fraglichen Waaren, wie der Beklagte nicht zu bestreiten vermocht, zu einem bestimmten Preise bestellt sind, in Fällen dieser Art aber mit der erfolgten Absendung der Kaufcontract selbst als abgeschlossen vorliegt, und diese Vollendung des Contractsabschlusses den Uebergang der Gefahr auf den Käufer mit sich bringt [1]), gleich wie bei der Einkaufscommission nach der ordnungsmäßig beschafften Absendung der Committent die Gefahr zu tragen hat [2]).

---

1) §. 3. J. de emt. et vendit. (3. 24.) l. 62. §. 2. D. de contrah. emt. (18. 1.) l. 6. C. de peric. et comm. rei vend. (4. 48.)

2) Meno Pöhls cit. pag. 258. Bender cit. §. 101.

17. Die sonstigen, in Ansehung der mitlibellirten Nebenpunkte und rücksichtlich der Entscheidung über die vorgeschützten dilatorischen Einreden mit zur Beschwerde gezogenen Punkte sind dagegen nur zum Theil für erheblich und resp. für völlig unbegründet zu achten. Zuvörderst nämlich die Unkosten und Speesen anlangend, so erscheinen solche ohne Weiteres nicht übertrieben, und hat eine Justification durch Belege, als gegen kaufmännische Usance angehend, dem Kläger nicht auferlegt werden dürfen.

18. Ebenso ist bis auf den Beweis der Einrede entgegenstehender Usance, eine Provision von 2 p. Ct. von dem ganzen Belaufe der Factura für unbillig nicht zu achten. Der desfallsige Beweis war indessen alternativ auch auf eine Rotterdammer Handelsusance zu richten, indem auch schon die letztere, als unter welcher contrahirt worden, zu Gunsten des Beklagten entscheiden muß.

19. An Zinsen sind dem Kläger 5 p. Ct. p. a. seit Zeichnung des Connossements, also seit dem 7ten October 1836, zugebilligt, und ist derwegen dem Beklagten nur der Beweis freigelassen, daß die Berechnung der Zinsen schon in der Cours-Berechnung von Holländischen Gulden zu Hamb. Bco. liege.

Diese Bestimmung ist für richtig nicht zu achten.

Denn Kläger selbst hat in der Klage nur angegeben, bei Ertheilung des Auftrages sei verabredet, daß der Absender den Belauf der Factura in dreimonatlichen Wechseln auf das Handlungshaus Gorrison & Lutze zu Hamburg trassiren solle. Dadurch war der Termin der Zahlungsfälligkeit von selbst bis 3 Monat nach Zeichnung des Connossements, mithin bis zum 7ten Januar 1837, hinausgerückt. Eine mora ist also rechtlich nicht früher gedenklich, mithin auch nicht die Zuerkennung von früher zu laufen anfangenden Verzugszinsen.

Sententia a qua condemnirt einfach zur Zahlung binnen 14 Tagen, es kann also auch nicht angenommen werden, daß hiemit eine Zahlung nach 3 Monaten und 14 Tagen gemeint sei, wodurch sich freilich der Differenzpunkt von selbst heben würde.

Dieserhalb hat daher, wie geschehn, reformirt werden müssen.

20. Die dilatorischen Einreden der dunkeln und mangelhaften Klage und insonderheit auch die der zu leistenden Caution für die Prozeßkosten sind mit Recht verworfen, mithin kann der dazu gehörige Kostenpunkt nicht von dem Kostenpunkte der Hauptsache getrennt werden, und ist es gleichgültig, ob die fraglichen Einreden von Anfang an unbegründet waren, oder ob sie durch Repliken entkräftet wurden.

21. Wenn übrigens in dem heutigen Urtheil dem Beklagten in Bezug auf die eingeklagte Provision der in der sent. a qua sub 1. festgestellte Beweis noch besonders vorbehalten ist, so rechfertigt sich dies dadurch, daß beim wirklichen Kaufgeschäft eine solche Provision nicht stattfindet, die klägerischen Mandanten dieselbe also allerdings nur dann anzusprechen berechtigt sind, wenn dieselben die libellirten Waaren grade zur Genügung des von dem Beklagten erhaltenen Auftrags wirklich von dritten Personen eingekauft, und nicht aus ihrem eigenen Lager entnommen, solche dem Beklagten nicht selbst verkauft haben.

22. Auf das ganze libellatum hat sich aber dieser Beweis-Vorbehalt nicht erstrecken können, weil, wie bereits oben nachgewiesen worden, im Uebrigen die Frage über das Vorhandensein eines Verkauf- und Kauf- oder eines Commissions-Geschäfts, für den Ausgang des vorliegenden Rechtsstreits durchaus irrelevant bleibt, und, insofern die Sent. a qua dem Beklagten diesen Beweis ohne Beschränkung auf die mit eingeklagte Provision freigelassen hat, derselbe jetzt wegfallen muß, da statt der dort ausgesprochenen Zahlungsverbindlichkeit des Beklagten die erhobene Klage nunmehr reformando erst von der zuvorigen Beweisführung des Klägers abhängig gemacht wird.

23. Die Kosten dieser Instanz sind compensirt worden, weil Beklagter, nun Appellant, theilweise, aber auch nur theilweise Grund zur Beschwerdeführung hatte.

Dieses Erkenntniß wurde in restitutorio unterm 28. Januar 1841 bestätigt aus folgenden

Gründen.

1. Die Hauptbeschwerde des Imploranten besteht darin, daß die angefochtene Entscheidung die Last der Hauptbeweisführung reformatorisch von dem Gegentheile auf ihn übertragen hat. Diese Vertheilung der Beweislast ist jedoch in den Gründen jenes Erkenntnisses so vollständig und zusammenhängend bereits gerechtfertigt worden, daß die gegenwärtige Aufgabe nicht auf eine nochmalige ausführliche Auseinandersetzung der Grundlagen jener durchaus richtigen Entscheidung,

sondern nur auf eine Beseitigung der Argumente gerichtet sein kann, welche der Implorant denselben entgegenzusetzen versucht hat.

2. Zunächst wird die wahre thatsächliche und rechtliche Sachlage, um welche es sich hier handelt, von dem Imploranten verkannt, wenn derselbe behauptet, die Erfüllung des Contracts von Seiten seiner Mandanten liege bereits in der Lieferung der bestellten und von dem Imploraten angenommenen Waaren erwiesen vor, und da nur einzelne von dem Letzteren gerügte Mängel derselben in Frage ständen, so verpflichte diese exceptio non rite adimpleti contractus, vermöge welcher der Implorat auf Redhibition dringe, denselben zu dem Beweise der gedachten Mängel, welcher demselben daher in dem ersten Erkenntnisse mit Recht auferlegt worden wäre.

3. Denn der Contract war nicht bloß auf die Lieferung der gedachten Waaren in genere zu den angezeigten Preisen, sondern auf Lieferung derselben in einer bestimmten besondern Beschaffenheit, resp. nach einer bestimmten Probe, gerichtet. Hier konnte daher die Erfüllung nur durch Lieferung der bedungenen probehaltigen Beschaffenheit bewerkstelligt werden, und, da der Beklagte diese geläugnet hat, so ist der Kläger verbunden, dieselbe zu beweisen. Diese Beweislast folgt aus den beiden Rechtsgrundsätzen, daß erstens bei einem zweiseitigen Contracte jeder Theil die Gegenleistung des andern nur gegen Erfüllung seiner bedungenen Leistung verlangen kann, daher der, welcher zuerst auf Erfüllung klagt, seiner Seits bereits erfüllt haben oder zur Erfüllung bereit sein muß, sofern nicht nach der besondern Natur des Geschäfts dem Gegentheile die vorangehende Erfüllung obliegt, — und daß zweitens der Kläger die Voraussetzungen zu beweisen hat, von welchen in seiner Person die Geltendmachung seines Rechts gegen den Beklagten abhängt — actori incumbit probatio.

4. Erst dann, wenn die Erfüllung des Contracts an sich außer Zweifel ist, mithin hier, wenn die Lieferung der Waaren in der bedungenen probemäßigen Beschaffenheit feststände, und dann noch besondere Mängel außerhalb jener Gränze von dem Beklagten behauptet worden wären, würde derselbe den Beweis derselben oder der sogenannten exceptio non rite adimpleti contractus zu führen haben. Dieser Fall steht jedoch hier nicht zur Frage, und ebenso wenig kann hier von Redhibition die Rede sein, wo der Beklagte nur behauptet,

daß ihm die bedungenen Gegenstände noch gar nicht geliefert worden wären, und er deshalb nicht zur Zahlung verbunden sei.

5. Anders würde es ebenfalls sein, wenn der Beklagte die ihm zugesendeten Waaren in einer Weise angenommen hätte, woraus sich die Absicht, dieselben behalten zu wollen, ergäbe. Denn wenn auch dadurch die Redhibitionsbefugniß, in Bezug auf später von ihm entdeckte Redhibitionsgründe, nicht ausgeschlossen wäre, so würde derselbe doch dadurch zunächst anerkannt haben, daß der Kläger seiner Seits den Contract durch Lieferung der bedungenen Gegenstände im Allgemeinen erfüllt habe, und deshalb diesem Zugeständnisse gegenüber wieder den Beweis der bezeichneten Redhibitions- oder Minderungsgründe zu übernehmen haben. Allein auch dieser Fall liegt hier nicht vor.

6. Der Implorant räumt jetzt selbst ein, daß er eine von dem Beklagten geschehene Annahme der Waaren in dem obigen Sinne nicht zu behaupten vermöge. Derselbe meint nur, der Beklagte habe sich bei und nach der Empfangnahme der Waaren einer culpa schuldig gemacht, welche ihn zur Annahme derselben Beweislast verpflichte. Diese culpa soll darin bestehen, daß der Beklagte, nach der Ankunft der Waaren, keine Maaßregeln ergriffen habe, den Kläger von der Identität und Beschaffenheit der Waaren zu überzeugen; daß derselbe vielmehr durch den Transport der Waaren-Collis auf seinen Speicher und durch deren resp. Oeffnung und Besichtigung der Waaren ohne Zuziehung des Klägers, demselben jene Ueberzeugung entzogen, und ihm dadurch seine Beweisführung sehr erschwert, ja vielleicht unmöglich gemacht habe. Wegen dieses Verstoßes gegen die contractliche Diligenz müsse der Beklagte das Interesse prästiren, welches demnach darin bestehe, daß er nun seiner Seits den Beweis der Mangelhaftigkeit der Erfüllung übernehmen müsse.

7. Da jedoch die Mandanten des Klägers die Waaren unmittelbar an den Beklagten adressirt hatten, so mußte dieser dieselben zunächst bei sich aufnehmen, und, da derselbe dabei keinen Grund hatte, vorauszusetzen, daß die ersteren ihm nicht die bedungenen Waaren überschickt hätten, er früher vielmehr nur Besorgnisse über die Beschaffenheit des gewählten Transportschiffes geäußert hatte, so hatte derselbe auch keine Veranlassung, gleich bei der Ankunft der Waaren und vor deren Aufnahme in seinen Speicher, zur Constatirung ihrer

Identität und Beschaffenheit den Kläger zuzuziehen. Nach allgemeinen Rechtsgrundsätzen verstieß daher der Beklagte durch die Unterlassung dieser Zuziehung um so weniger gegen die contractliche Diligenz, als der Beklagte im Allgemeinen nicht verpflichtet ist, dem Kläger Beweismittel zu sammeln, zu verschaffen oder zu erhalten. Ganz dasselbe gilt von der erfolgten Besichtigung der Waaren, ohne welche der Beklagte nicht im Stande war, zu erkennen, ob die ihm zugesendetem Collis die bedungenen Waaren enthielten. Ohnehin hatte aber auch der Beklagte den Kläger bereits vor der Besichtigung von der demnächstigen Vornahme derselben zeitig in Kenntniß gesetzt; es hing also lediglich von dem Kläger ab, derselben beizuwohnen und sich auf alle Weise der Identität und Beschaffenheit der Waaren zu versichern. Dazu hatte derselbe eine um so größere Aufforderung, als der Beklagte in derselben Zuschrift vom 6ten November 1836 bereits ausdrücklich bemerkt hatte, daß er seine definitive Erklärung über die Annahme der Waaren von dem Resultate ihrer Besichtigung abhängig machen müsse. Ist daher in diesen Verhältnissen etwas versehen worden, so ist es lediglich von den Mandanten des Klägers und diesem selbst geschehen, indem jene die Waaren dem Beklagten nicht durch die Hand des Klägers überliefern ließen, und der letztere nach deren Ankunft an die Adresse des Beklagten, mindestens nach dem Empfange der Zuschrift vom 6ten November 1836 nicht die erforderlichen Sicherungsmaaßregeln ergriff. Daß in Rostock keine besonderen gesetzlichen Bestimmungen bestehen, welche den Beklagten zu der von dem Kläger behaupteten, von den Grundsätzen des gemeinen Rechts abweichenden Diligenz verpflichtet hätten, ist schon früher gezeigt worden. Die bloße Gelegenheit, die Waaren in öffentlichen Gewahrsam bringen und dort besichtigen zu lassen, erscheint daher, da der Beklagte nicht dazu verpflichtet war, rechtlich als unerheblich.

8. Ein weiteres Argument für die entgegengesetzte Vertheilung der Beweislast hat der Implorant in den Umstand gesetzt, daß der Beklagte, sofern er nach Probe bestellt, von der ihm vorgelegten Probe nichts zurückbehalten und zur Vergleichung der Probehaltigkeit der gelieferten Waare aufbewahrt habe. Allein, sowohl nach dem gemeinem Rechte, als nach kaufmännischem Gebrauche, verpflichtet der bloße Abschluß eines Handels oder einer Einkaufscommission nach einer von dem Verkäufer, als Commissionair, vorgelegten Probe, den Käufer

oder Committenten nicht, diese Probe oder einen Theil derselben zu sich zu nehmen und zu dem bezeichneten Zwecke aufzubewahren. Es hängt vielmehr allein von seinem Gutbefinden ab, zu seiner eigenen Sicherung dergleichen zu thun. Da hingegen dem Verkäufer oder Commissionair die Erfüllung nach der Probe obliegt, und diese event. von demselben bewiesen werden muß, so ist es lediglich seine Sache, sich ein behufiges Beweismittel dazu in der Aufbewahrung und der Feststellung der Identität der Probe zu sichern. Von diesen regelmäßigen Grundsätzen tritt nur dann eine Ausnahme ein, wenn der Verkäufer oder Commissionair die Probe dem Käufer oder Committenten zur Aufbewahrung übergeben, dieser dieselbe dazu übernommen hat, und dieselbe demnächst durch seine Schuld abhanden gekommen, oder wesentlich verändert worden ist. Da jedoch auch dieser Ausnahmsfall hier nicht vorhanden ist, so kann dem Verklagten rücksichtlich seines Verhaltens zu der ihm bloß vorgelegten Probe keine culpa beigemessen, mithin auch aus diesem Grunde keine Uebertragung der Beweislast auf ihn herbeigeführt werden.

9. Hiedurch ist Alles, was der Implorant im Allgemeinen gegen die von ihm angefochtene Vertheilung der Beweislast vorgetragen hat, erschöpft worden. Die besondere Beschwerde desselben gegen den Beweissatz sub 4. ist ebenfalls unbegründet. Hat der Beklagte auch keine ausdrücklichen Einwendungen gegen die gehörige Verpackung der Waare gemacht, so hat er dieselbe doch auch nirgends direct eingestanden. Dieser Gegenstand ist daher bis jetzt nicht genügend in den Acten aufgeklärt worden. Da es aber demnächst event. darauf ankommen wird, zu bestimmen, welchen Ursachen etwanige, seit der Absendung der Waaren eingetretene Veränderungen ihrer Beschaffenheit beizumessen sind, welchem der streitenden Theile daher das periculum derselben obliege, so war der Richter so berechtigt, als verpflichtet, von der Beweisführung des Klägers näheren Aufschluß über die gehörige Erfüllung dieser Seite seiner contractlichen Obliegenheiten zu verlangen. Auch kann es nur in dem eigenen Interesse des Klägers sein, durch seinen Beweis zu zeigen, daß ihm jene etwanigen Veränderungen nicht zur Last gelegt werden können. Da aber die Verpflichtung zu der in dem Beweissatze angezeigten Beschaffenheit der Verpackung sich auch auf die 1000 Kilogramme Farin in so weit miterstreckt, als dieselbe sich auch an die aufgegebene Benutzung alter

Fässer und Kisten dahin anschließt, daß auch bei dieser Nichts versehen werden durfte, so hat der Implorant dem Beweissatze auch mit Unrecht den Vorwurf zu großer Allgemeinheit gemacht.

10. Die sämmtlichen übrigen Beschwerden des Imploranten erledigen sich mittelbar durch die nachgewiesene Grundlosigkeit seiner drei ersten Beschwerden, bis auf den Gegenstand der fünften Beschwerde, welcher daher allein noch zu erwägen steht. Allein auch diese ist nicht besser begründet. Ueber die Art und Weise, wie der Beklagte eventualiter Zahlung in Hamburger Banco leisten wird, ob durch Hamburger Wechsel oder auf andere Weise durch Berichtigung des Werths des Hamburger Banco u. s. w., darüber enthält die erste Entscheidung keine Bestimmung. Daher erscheint Alles, was der Implorant auf die besondere Voraussetzung der Zahlung durch Hamburger Wechsel gebaut hat, als unzutreffend. Da derselbe jedoch im Uebrigen gegen die fragliche Bestimmung des Anfangspunktes der Verzugszinsen nichts einzuwenden vermocht hat, so mußte es bei derselben ebenfalls bewenden.

11. Bei der gänzlichen Unerfindlichkeit aller aufgestellten Beschwerden, war der Implorant auch in die Kosten dieser Instanz zu verurtheilen.

Kläger trat darauf am 24sten April 1841, innerhalb der ihm erstreckten Frist, seinen Beweis an durch die Erklärung, daß er die Beweise ad 1 und 2. durch Urkunden und Sachverständige, den Beweis ad 4. durch letztere allein führen, den Beweis ad 3. aber aufgeben wolle.

A. Als Urkunden producirt er obrigkeitlich beglaubigte Original-Atteste der beeidigten Waarenmakler Jan Rueb und E. L. Jacobson zu Rotterdamm, nebst deren vom niederländischen Viceconsulat zu Rostock beglaubigten Uebersetzungen.

Die Aussteller dieser Urkunden bezeugen:

daß sie, im Auftrage des Handlungshauses J. de Kuyper & Zoon, Waaren der Art, wie sie vom Beklagten bestellt worden, theils nach Probe, theils in Uebereinstimmung mit der dem Hause zugegangenen und ihnen ertheilten Ordre, im Herbst 1836 gekauft haben, und daß diese Waaren mit dem Schiffer Friedrich Franz nach Rostock verladen seien.

B. Zu Sachverständigen schlägt Kläger die Kaufleute J. D. Capell und J. C. W. Buck vor, und beantragt deren eidliche Abhörung über folgende Punkte:

1. ob die von ihnen zu besichtigenden Waaren — einzeln aufgeführt und näher charakterisirt sub a bis f. — entweder noch jetzt von der vorgeschriebenen Beschaffenheit seien, oder, wenn nicht, ob zu erkennen, daß sie wenigstens zur Zeit der Verladung die fragliche Beschaffenheit gehabt haben?
2. Ob die Waaren auf die bei Versendungen dieser Art zum Zweck der Conservation übliche Weise verladen seien?

Diese Beweismittel würden zwar nicht direct die Uebereinstimmung der gelieferten Waaren mit den dem Beklagten gegebenen Proben beweisen können, da die Proben nicht mehr vorhanden seien; doch werde aus dem Inhalt der Urkunden und dem Urtheil der Sachverständigen über die Beschaffenheit der Waaren eventualiter so viel zu entnehmen sein, daß selbige der ordremäßigen Qualität, wie sie vom Beklagten selbst in seinen Exceptionalen angegeben werde, sämmtlich oder theilweise entsprochen hätten.

C. In subsidium deferirt Kläger dem Beklagten den Schiedseid über die Beweissätze 1. 3 und 4.

Nachdem das Ober- und das Ober-Appellations-Gericht, den beklagtischen Ausführungen zuwider, sich für die Relevanz dieser Beweisausführung entschieden hatten, wurde die Echtheit der producirten Urkunden, so wie die Richtigkeit der Uebersetzung, von dem Beklagten am 7ten Sept.

1841 anerkannt. Auch verzichtete derselbe am 12ten Mai auf sämmtliche Gegenbeweise, und erließ unterm 16ten Sept. dem Gegner den unter Nr. 4. diesem auferlegten Beweis, indem er seinerseits die Kaufleute Bernhard und Knitschky als Sachverständige in Vorschlag brachte.

Hierauf ward, in Betreff der den Sachverständigen vorzulegenden Fragen, das Verlangen des Beklagten, den von dem Kläger für den ersten Beweissatz entworfenen irrelevanten Fragen andere, welche direct auf die Ermittlung der Probemäßigkeit gerichtet seien, zu substituiren, verworfen, und jene, so wie die vom Producenten in Betreff des zweiten Beweissatzes gestellte Frage, jedoch unter Zulassung der von dem Beklagten entworfenen als sechs Gegenfragen, für sachgemäß erklärt, indem die Kosten dieses Incidentstreites zur Entscheidung in der Hauptsache verstellt wurden — eine Determination, welche in der Querelinstanz bestätigt ward.

Die am 22sten Februar 1842 beeidigten Sachverständigen gaben ihr Erachten am 4ten März dahin ab:

a. in Betreff des Melis-Zuckers: daß derselbe durch das lange Lagern offensichtlich sehr verschlechtert worden, und sie deshalb nicht zu behaupten wagten, wie dieser Zucker vor 5—6 Jahren möglicherweise ausgesehen. Doch habe sich ihrer Aller Meinung dahin geneigt, daß derselbe originaliter wohl nicht füglich als Prima- oder feinster Secunda-Melis habe bezeichnet werden können;

b. in Betreff des Farin: daß sie ebenfalls nicht zu entscheiden wagten, wie derselbe von 5—6 Jahren, als die sich jetzt abgesondert habenden Syrupstheile noch mit demselben vereint gewesen, ausgesehen haben möge;

c. in Betreff der 20 Kisten Candies: daß diese rücksichtlich ihrer Farbe für die Benennung „hellbraun" allerdings genügten, von Qualität aber „nicht schön" zu nennen seien, sondern kleinstückige und trübfallende Waare;

d. in Betreff der 25 Kisten ordinairen mittelbraunen Candies entdeckten sie nicht das Trockne und Klare, was man von dieser Sorte Candies zu verlangen pflegt; und bemerkten sodann:

e. in Betreff des Sumatra-Caffee: daß derselbe vor 5 — 6 Jahren völlig das gewesen, was er hätte sein sollen: „grüne Waare;"

f. in Betreff des Java-Caffees: daß sie denselben blaßgelb gefunden, mit wenig gebrochenen Bohnen; über die ursprüngliche Farbe aber derzeit nicht mehr entschieden werden könne, da sich diese Sorte Caffee schon in einem Jahre gar sehr entfärbe.

Auf Vorschlag des Gerichts wurden nunmehr die streitigen Waaren, nachdem deren Identität durch die an Eidesstatt abgegebene Versicherung des Beklagten festgestellt war, mit Einwilligung beider Theile „salvo jure et processu und dergestalt, daß pretium in locum rei trete" in öffentlicher Auction verkauft, und der Erlös (875 Thlr. 9¼ ßl. n. ⅔) einstweilen bis zur Beendigung oder Beilegung der Sache ad depositum judiciale gebracht.

Nach geendigtem Productionsverfahren folgte das Hauptverfahren, in welchem Kläger unterm 7ten September 1842 den Antrag stellt:

den Beweis ad 1. in Ansehung des Sumatra-Caffees für geführt zu erkennen, hinsichtlich der übrigen ad 1 und 2. aufgeführten Beweispunkte aber dem Beklagten den Reinigungseid aufzulegen. Der Beklagte dagegen verlangt unterm 8ten October 1842 ein Erkenntniß, daß der erste Beweissatz in Betreff der sub 1. 2. 5. 6. der Klagschrift aufgeführten Waaren für nicht geführt, hinsichtlich der ebendaselbst sub 3. der Klagschrift aufgeführten Waaren, so wie in Ansehung des zweiten Beweissatzes aber das Gegentheil dessen, was zu beweisen war, als erbracht anzusehen sei.

Nach erklärtem Actenschluß und abgehaltenem Rotulationstermin, so wie nach Erledigung eines Zwistes über die Größe der Buchstaben und den Zwischenraum der Zeilen in den Copien der Parteischriften zu Gunsten des klägerischen Anwaltes, erfolgte unterm 20sten Januar 1844 die zweite Sentenz des Obergerichts, des Inhalts:

daß durch die vom Kläger versuchte Beweisführung

ad 1. in Bezug auf die 10 Säcke grünen Sumatra-Caffee (sub 5. der Klage) so viel dargethan sei, daß dem Beklagten über die Negative des Beweisthemas der Reinigungseid aufzulegen, in Bezug auf die übrigen Waaren — sub 1. 2. 3 und 6. der Klage — aber, so wie

ad 2. in Bezug auf die sub 4. der Klage aufgeführten 20 ganzen Kisten ordinair hellbraunen Candies rücksichtlich dessen guter Beschaffenheit — während die hellbraune Farbe für genügend nachgewiesen zu halten — nicht ausreichend so viel bewiesen worden, um auf einen nothwendigen Eid erkennen zu können, und demnach Kläger mit den behufigen Anträgen in Ansehung der reservirten Eidesdelation hervorzugehen habe.

Nachdem dieses Urtheil die Rechtskraft beschritten, schob der Kläger dem Beklagten über die Negative des ersten und zweiten Beweissatzes den Eid zu, und wurde derselbe, nach desfalls zugelegten Verhandlungen, hinsichtlich des ersten de credulitate, in Betreff des zweiten de veritate, unterm 30sten April 1844 vom Beklagten körperlich abgeleistet.

Auf die Ableistung des ihm hinsichtlich der 10 Säcke grünen Sumatra-Caffee auferlegten Reinigungseides, hatte der Beklagte bereits unterm 11ten März desselben Jahres verzichtet.

Das hierauf am 18ten Mai 1844 gefällte Endurtheil des Obergerichts bestimmte:

I. daß Beklagter die sub 1. 2. 3 und 6 der Klage aufgeführten Waaren anzunehmen, und dafür den Facturawerth nebst den berechneten Auslagen, Speesen, Provision und Zinsen pro quantitate jenes Werthbelaufs zu bezahlen nicht verbunden sei, Kläger vielmehr mit seiner mandatario nomine hierauf gerichteten, nunmehr unbegründet erscheinenden Klage ab- und zur Ruhe verwiesen werde, folgeweise aber die bezeichneten hergesandten Waaren zurückzunehmen, oder vielmehr jetzt, weil inzwischen dieselben mit beider Theile Zustimmung in Auction verkauft und der Erlös ad depositum des Obergerichts gebracht worden, solchen Erlös aus letzterem zu empfangen habe;

II. daß derdem Kläger wegen der sub 5. der Klage bemerkten 10 Säcke Sumatra-Caffee aufgelegte Beweis, nachdem Beklagter auf die Ableistung des Reinigungseides verzichtet, zu der Folge für erbracht zu erkennen, daß der Beklagte diese Waare anzunehmen oder vielmehr jetzt den Erlös derselben ex deposito zu erheben, dagegen aber dem Kläger für dessen Mandanten den Facturabetrag mit 328 fl. 72 Ct. nebst Vergütung des auf diesen Betrag etwa erweislichen Coursverlustes, auch Verzugszinsen zu 5 p. Ct. p. a. seit dem 7ten Januar 1837, imgleichen die in der Factura — Anlage 2 zur Klage — berechneten Auslagen, Speesen und 2 p. Ct. Provision, pro quantitate des obigen Werthbetrags von 328 fl. 72 Ct. binnen 14 Tagen bei Strafe der Execution zu berichtigen habe, jedoch nach Abzug des Facturawerths von 71 Pfd. dieses Caffees, welche nach des Beklagten Behauptung in den Exceptionalen Nr. 5. pag. 29 sub c. an dem Sacke Nr. 22. gefehlt haben, und welcher Umstand durch des Klägers Erklärung in seiner Beweisantretung Nr. 37. act. pag. 13 in fine, daß er den ihm dieserhalb in der mehrberührten oberappellationsgerichtlichen Sentenz vom 30sten Januar 1840 ad Nr. 32. act. sub 3. auferlegten Beweis aufgebe, als richtig zugestanden sei.

III. Daß die Prozeßkosten, so weit nicht schon anderweitig rechtskräftig darüber erkannt worden, und mit Ausnahme der Contumacial-Expensen, gegen einander compensirt und aufgehoben werden sollen; welche Bestimmung sich dadurch rechtfertige, daß Kläger einen Theil der ihm in der Sentenz vom 30sten Januar 1840 ad Nr. 32. auferlegten Beweise, nämlich den Beweis in Bezug auf die 10 Säcke Sumatra-Caffee und den Beweis über die Art der Verladung der libellirten Waaren überhaupt, welchen Beweis Beklagter dem Kläger erlassen, geführt, und Beklagter den ihm wegen der Auslagen u. s. w. freigelassenen, in Bezug auf die 10 Säcke Sumatra-Caffee von Relevanz bleibenden Einredebeweis aufgegeben habe, weshalb hier die Vorschrift des Rostocker Stadtrechts Thl. V. Tit. 8. Art. 8. zur Anwendung komme.

Gegen dieses Erkenntniß wurde vom Beklagten am 7ten Juni 1844 das zutreffende Rechtsmittel eingelegt, als solches ist, nach vorgängiger Anfrage beim O. A. G., von diesem das der Restitution bezeichnet, und sind sodann, nachdem unterm 6ten Juli die Rechtfertigung der Beschwerden und am 31sten Juli die Vernehmlassung des Imploraten eingegangen war, die Acten zum Spruch versandt worden.

B. Rechtliche Beurtheilung.

Der Beklagte hat der Form nach fünf, der Sache nach drei Beschwerden aufgestellt:

1. Er verlangt (erste und zweite Beschwerde), daß in dem Urtheil die Worte:

> folgeweise aber die bezeichneten . . . zu empfangen hat

hinweggelassen werden.

Die Klage ist gerichtet auf Verurtheilung des Beklagten zur Zahlung von 3339 Mrk. 1 ß. Hamb. Bco., nebst Zinsen Schäden und Kosten, für gekaufte und empfangene Waaren. Der Beklagte hat auf Abweisung seines Gegners angetragen, und dessen Anspruch ist von der Führung mehrerer Beweise abhängig gemacht. Da ein Theil derselben für nicht geführt erkannt ward, so mußte der Kläger mit dem entsprechenden Theil der obgedachten Forderung abgewiesen werden. In Folge dieser Abweisung würde der Kläger an sich berechtigt sein, die betreffenden, in den Händen des Beklagten befindlichen Waaren zu condiciren, und dieser die Befugniß haben, sie bis zur Abführung der auf dieselben als negotiorum gestor des Klägers gemachten Verwendungen zu retiniren. Dieses ursprüngliche Sachverhältniß ist dadurch alterirt worden, daß das Obergericht den Parteien vorschlug „salvo jure et processu" die streitigen Waaren zu versteigern und den Erlös bis zur Beendung oder Beilegung der Sache zu deponiren, dergestalt, „daß pretium in locum rei trete" — eine Proposition, welche von den Parteien pure angenom=

men und sodann ausgeführt worden ist. An die Stelle der Condiction tritt nunmehr der Antrag des Klägers auf Ausantwortung des für die betreffenden Waaren aufgekommenen Preises, und es entsteht die Frage, ob der Beklagte befugt ist, hiegegen seine Retentionseinrede annoch geltend zu machen, oder ob, wie der Kläger vermeint, die Einwilligung zum Verkauf der Waaren einen Verzicht auf die Einrede enthält. Ausgemacht ist soviel, daß dieselbe in ihrer ursprünglichen Gestalt erloschen sei. Nur wer detinirt, kann retiniren. Den Inhalt der Einrede, Ersatz zu erhalten für die auf die Waaren gemachten Verwendungen, hat die Veräußerung jedoch nicht afficirt. Sie ist vorgenommen für Rechnung dessen, den es anging, in der Weise, daß die Parteien sich dieselben materiellen Rechte an dem Erlös vorbehielten, welche ihnen an den Waaren zustanden. Hätte nun der Beklagte für den Kläger die Veräußerung vorgenommen, so würde es nicht zu bezweifeln sein, daß er an dem Kaufpreis den Betrag der erweislichen Verwendungen im Wege der Compensation zu kürzen berechtigt gewesen wäre: ein gleicher Anspruch muß ihm zustehen in einem Fall, wo im Auftrage beider Parteien die Versteigerung von einem dritten beschafft ward. Ein Verzicht auf die Verwendungen ist also überall nicht, und um so weniger anzunehmen, als der Beklagte namentlich in seiner Vernehmlassung der von ihm auf die Waaren gemachten Verwendungen ausdrücklich gedacht hat. Vielmehr wird das Gericht einen Antrag des Klägers auf Ausantwortung der hinterlegten Gelder dem Beklagten zur Wahrung seiner etwaigen Ansprüche mitzutheilen und nach deren Ausschluß oder Liquidestellung das Depositum an dem Kläger oder an beide Theile auszuantworten haben. Wenn daher in einem Erkenntniß, welches den Kläger mit seiner Forderung auf Zahlung des Kaufpreises abwies, zugleich an diesen die Anweisung gerichtet ward, die Waaren, jetzt statt ihrer das in deposito befindliche Geld zu empfangen, so überschreitet diese Bestimmung an sich die Gränzen der vorliegenden Streitfrage. Da aber die Anweisung überdies etwaiger Befugnisse des Beklagten nicht gedenkt, und möglicherweise so verstanden werden kann, daß durch sie ein ausschließliches Recht des Klägers auf die Gelder habe ausgesprochen werden sollen, auch in der That von diesem so gedeutet wird, so hat der Beklagte sich mit Recht darüber beschwert, daß im Urtheil der obenangeführte Satz hinzugefügt ward.

2. Die zweite (dritte und vierte) Beschwerde betrifft die dem Kläger in Betreff des Sumatra-Caffees zuerkannten Nebenprästationen. Der Kläger verlangt hier dreierlei:

a. Befreiung von der Verpflichtung, den etwa erweislichen Coursverlust für die Summe von 328 fl. 72 Ct. zu vergüten. Seine Verpflichtung gehe in Gemäßheit des Klagantrags auf Zahlung in Hamb. Bco. Wolle er sich nun auch die Verurtheilung in holländisch Courant gefallen lassen, so könne doch von einer Vergütung des Coursverlustes nicht mehr die Rede sein, da dessen Möglichkeit durch die nunmehr ausgeschlossene Umwandlung von holländisch Courant in Hamb. Bco. bedingt sei. Diese Ansicht beruht jedoch auf einer unrichtigen Auffassung des Urtheils. Dasselbe gedenkt des für den Sumatra-Caffee facturirten Kaufwerths offenbar nur als einer Quote der klagbar gemachten 3339 Mrk. 1 ß. Hbg. Bco., und da in Bezug auf diese den Kläger, namentlich bei Auslösung des Wechsels für eigene Rechnung, sehr wohl ein Coursverlust betroffen haben kann, so unterliegt es keinem Zweifel, daß dessen den Caffee-Werth betreffende Rate vom Beklagten zu ersetzen ist.

b. Daß hinsichtlich der am Sack Nr. 22. fehlenden 71 Pfd. Caffee nicht bloß deren Werth abgezogen werde, sondern auch der Betrag der auf diesen Werth fallenden Auslagen, Speesen, Provision und Zinsen.

c. Daß nicht die gesammten in Anlage A. zur Klage berechneten Auslagen und Speesen, sondern nur dasjenige pro rata zur Zahlung ihm auferlegt werde, was entweder alle Waaren gemeinschaftlich oder den Sumatra-Caffee speciell betreffe. Hiernach seien, da Auslagen der letztern Art nicht vorhanden wären, nur folgende Ansätze:

1. Für Empfangnahme, Wägen, Verladen, Connossemente	12 fl.	25 Ct.
2. Für Ausfuhrzoll, Syndicat, Pasport .	9 =	16 =
3. Für kleine Kosten, Porto, Hafengeld .	5 =	98 =
4. Für Wechsel-Speesen	3 =	62 =
	31 fl.	1 Ct.

von der Beschaffenheit, daß der Sumatra-Caffee zu ihnen nach Verhältniß beizutragen habe. Die übrigen Auslagen dagegen zum Betrag von 69 fl. 89 Ct., welche sich ausschließlich auf Waaren bezögen, zu deren Annahme Beklagter nach dem Urtheil nicht verbunden sei, könnten ihm nicht angerechnet werden. Die Provision endlich sei auch hier zu berechnen von der Rate der 31 fl. 1 Ct., welche auf den um den Werth von 71 Pfd. verminderten Betrag des Caffees falle.

Die Beschwerden unter b. und c. anlangend, so bedarf es keines weiteren Beweises:

1. daß die in Betracht zu ziehenden Auslagen und Speesen auf den Betrag von 31 fl. 1 Ct. zu reduciren sind und hiezu der Sumatra-Caffee pro rata beizutragen hat.

2. Daß für den Werth der fehlenden 71 Pfd. Caffee ebenfalls die betreffende Rate der Auslagen und Speesen, die Provision, die Zinsen und der erweisliche Coursverlust zu berechnen sind, da nicht anzunehmen ist, daß diese Vermehrung des Facturabetrags von 71 Pfd. in dem Urtheil mit dem Ausdruck „Facturawerth" hat bezeichnet werden sollen, indem eine solche Bezeichnung jedenfalls von der Ausstellung der Dunkelheit würde betroffen werden. Auch der Coursverlust war für diesen Werth in Anschlag zu bringen, da der Beklagte sich zu diesem Verlust überhaupt nicht verpflichtet hält, und mithin anzunehmen ist, er werde ihn jedenfalls nur so weit tragen wollen, als er dazu für rechtlich verbunden erachtet wird. Eben so sind:

3. die 2 p. Ct. Provision von dem um den Betrag von 71 Pfd. verminderten Werthe des Sumatra-Caffees und der auf solchen fallenden Rate von 31 fl. 1 Ct. zu berechnen. Zwar hat das beschwerende Urtheil, den in dem Urtheil vom 28sten April 1838 und dessen Gründen aufgestellten Principien zuwider, die Provision nur von dem Kaufwerth des Caffees und nicht von den Auslagen und Speesen berechnet, und würde es dabei bewenden müssen, da der Kläger sich hierüber nicht beschwert hat. Da indessen der Beklagte in seiner Rechtfertigungsschrift die den Grundsätzen des Urtheils vom 28sten April 1838 conforme richtige Berechnung ausdrücklich anerkennt, so war diese zu befolgen. Ein Gleiches ist von ihm nicht geschehen:

4. in Ansehung der Verzugszinsen und des Coursverlustes. Nach der richtigen Ansicht, welche auch in dem mehrgedachten Urtheil und dessen Gründen gebilligt ist, muß beides vom Kaufwerth, den Auslagen und Speesen und der Provision berechnet werden. Das vorliegende Ur-

theil gedenkt des einen, wie des andern nur in Betreff des Kaufwerths, und mußten darnach, da Kläger sich hierüber nicht beschwert hat, Auslagen, Speesen und Provision bei Berechnung der Zinsen und des Coursverlustes außer Anschlag bleiben.

Diesem Allen zufolge waren den Worten des Urtheils: „dagegen aber dem Kläger — als richtig zugestanden ist" folgende zu substituiren: „dagegen aber dem Kläger binnen 14 Tagen bei Strafe der Execution zu berichtigen hat":

1) den Facturabetrag für 10 Säcke Sumatra-Caffee, mit 328 fl. 72 Ct. nach Abzug des Werthes von 71 Pfd., welche behaupteter — Nr. 5. p. 29 c. — und zugestandener Maßen — Nr. 37. p. 13 z. E. — an dem Sack Nr. 22. gefehlt haben;

2) von den Speesen und Kosten für sämmtliche Waaren ad 31 fl. 1 Ct. die auf den Werth von Nr. 1. fallende Rate;

3) 2 p. Ct. Provision der unter Nr. 1 und 2.,

4) 5 p. Ct. Verzugszinsen seit dem 7ten Jan. 1837 der unter Nr. 1.,

5) den erweislichen Coursverlust auf den Belauf der unter Nr. 1. verzeichneten Summen.

3. Die dritte (fünfte) Beschwerde betrifft die Vergleichung der Prozeßkosten. Der Beklagte führt aus: Er habe dem Gegner zu verschiedenen Zeiten sechs verschiedene Commissionen ertheilt, jede begründe ein besonderes Contractsverhältniß, aus jeder sei eine besondere Klage entsprungen, sechs Klagen demnach cumulirt. Mit fünf sei der Gegner abgewiesen und mithin $\frac{5}{6}$ der ihm erwachsenen Kosten zu erstatten verbunden, die der sechsten müßten verglichen werden, da Kläger zuviel gefordert habe.

Kosten des Ungehorsams und der Incidentpunkte seien besonders zu beurtheilen; die mehrdeutige Vorschrift des Rostocker Stadtrechts, worauf die Urtheilsgründe sich bezögen, leide auf den Fall einer Klagenhäufung keine Anwendung.

Der Kläger erwidert: Wenn auch fünf, nicht sechs, verschiedene Aufträge vorlägen, so sei doch die angestellte contraria mandati actio nicht auf diese oder deren Annahme, sondern auf deren Ausführung basirt, und von dieser Seite erschienen die Einkäufe als ein Geschäft: sämmtliche Aufträge seien auf einmal vollzogen, eine Factura darüber aufgemacht, ein Connossement ausgestellt, ein Wechsel gezogen. Für die Vergleichung spreche neben den Gründen des Urtheils Folgendes:

1. Dasselbe sei gemischt ausgefallen, der Widerspruch des Beklagten mithin nur theilweise für begründet erkannt.

2. a. Der Prozeß sei durch einen Schiedseid beendet, dessen Zuschiebung nicht sine omni alia probatione statt gefunden habe, weshalb die Bestimmung des Rostocker Stadtrechts zur Anwendung kommen müsse. Das Wort probatio bedeute „Beweismittel," und eine Kostenvergleichung solle eintreten, wenn, wie hier geschehen, der Beweisführer vor der Eideszuschiebung den Versuch gemacht habe, den Beweissatz durch andere Beweismittel zu erbringen. Der Grund dieser Bestimmung liege theils darin, daß der Schwörende leicht irren könne, theils darin, daß der Beweispflichtige durch die versuchte probatio ein besonderes Vertrauen zur Gerechtigkeit seiner Sache zeige. Sollte aber probatio das „Ergebniß der Beweisführung" bedeuten, so stehe durch Urtheil vom 20sten Januar 1844 fest, daß seine Beweismittel kein ungünstiges, sondern nur ein nicht hinlänglich günstiges Resultat geliefert hätten.

b. Der Schiedseid sei ein Glaubenseid gewesen, und es bleibe daher sehr wohl möglich, daß die Waaren zu Rotterdamm dennoch in probemäßiger Güte verladen seien, mithin ihn keinerlei Verschulden treffe.

3. Daß die Verpflichtung zur Kostenerstattung nicht aus dem Gesichtspunkt der Strafe, und eben so wenig dem des Schadenersatzes zu beurtheilen sei, sondern lediglich von dem richterlichen Ermessen abhänge, welches nach der aequitas zu entscheiden habe. Eine Vergleichung müsse demnach überall eintreten, wo aus Gründen, die in der Sache selbst — dem Rechtspunkt oder dem Factum — lägen, dem unterliegenden Theil der Beginn eines Rechtsstreites nicht zugerechnet werden könne [1]). Ein desfallsiges Verschulden treffe aber den Kläger um so weniger, als der Beklagte durch sein gänzlich unkaufmännisches Benehmen Zweifel gegen die Rechtmäßigkeit seiner Gesinnungen erregt habe — eine Ansicht, welche in einer Darstellung des ganzen Hergangs der Sache weiter ausgeführt wird. —

Bei der Beurtheilung des Kostenpunktes sind zwei Extreme zu vermeiden. Auf der einen Seite ist es unzulässig, die Frage gänzlich den subjectiven Ansichten des Richters zu überlassen. Zwar kann von einer Verpflichtung zum Ersatz nicht die Rede sein, wenn die Führung des Rechtsstreits unverschuldet ist. Ob und wann dies der Fall sei, darf aber in unserm gegenwärtigen Rechtszustande nicht aus einer allgemeinen Anschauung der Verhältnisse, dem seiner Gründe sich unbewußten individuellen Gefühl, beurtheilt werden, sondern entscheidet sich nach objectiven Rechtsgrundsätzen, unter welche die in rechtliche

1) Nov. 80. c. 10. — c. 4 x de poenis. Vis. A. S. 1713 §. 82.

Gewißheit gesetzten Thatsachen zu subsumiren sind. Demzufolge kann die Skizze des Benehmens, dessen sich der Beklagte in Bezug auf den streitigen Handel nach der Darstellung des Klägers schuldig gemacht haben soll, zwar zu der Ueberzeugung führen, daß, wenn vor und bei Beginn des Rechtsstreits ein größeres Entgegenkommen, wie es Geschäftsfreunden geziemte, stattgefunden hätte, der langwierige Prozeß vermieden oder abgekürzt werden könnte. Allein nachdem in Folge desselben die gegenseitigen Rechte und Pflichten festgesetzt und durchgeführt sind, erscheint es unzulässig, den sogenannten Standpunkt der Billigkeit, d. h. der Willkür, bei Aburtheilung einer rein juristischen Frage einzunehmen.

Auf der andern Seite ist es nicht minder unjuristisch, bei der Beurtheilung des Kostenpunktes eine mathematische Schärfe anwenden zu wollen. Zwar läßt es sich nicht verkennen, daß nach dem Grundsatze „tot esse stipulationes, quot sunt res" [1]) durch die sechs Einkaufscommissionen sechs verschiedene Obligationen begründet wurden, und der zufällige Umstand, daß fünf zu verschiedenen Zeiten gemacht, und daß sie sämmtlich zu gleicher Zeit ausgeführt worden sind, vermag die an sich begründete Mehrheit der Obligationen nicht zu modificiren. Es sind also sechs contrariae mandati actiones cumulirt, und an sich wird das Schicksal einer jeden ohne Einfluß sein auf das der übrigen. Wenn aber bei einer solchen Cumulation, wie im vorliegenden Fall geschehen, eine Trennung der Angriffs- und Vertheidigungs-Momente nicht stattgefunden hat, wenn in Betreff sämmtlicher Klagen in dem ersten Verfahren fast durchgängig das gleiche System be-

1) l. 25. pr. D. de V. O. (45. 1.)

folgt, in dem zweiten dagegen die für alle Klagpunkte gemeinsam auferlegten und nachgelassenen Beweise theils geführt, theils verfehlt sind, und demgemäß der Kläger mit einem Theil seiner Ansprüche durchdringt, mit einem andern abgewiesen wird, so würde es zu einer entschiedenen Ungerechtigkeit führen, wenn man die Kostenfrage schlechthin nach der Anzahl der gewonnenen oder verlorenen Forderungen bestimmen wollte. Vielmehr ist in dem Fall eines derartigen wechselseitigen Obsiegens der gemeinrechtliche Grundsatz der Kostenvergleichung als Regel hinzustellen, und eine andere Vertheilung nur dann zuzulassen, wenn durch diese Vergleichung dem Grundprincip der Lehre, daß jeder die von ihm widerrechtlich verursachten Kosten zu tragen habe, Abbruch geschähe: ein Fall, der z. B. dann eintreten würde, wenn der Kläger in Betreff mehrerer Ansprüche ein weitläuftiges Beweisverfahren erfolglos versucht hätte, während die Forderungen, mit denen er obsiegte, nur geringen Kostenaufwand verursachten. Ein solcher Fall liegt jedoch hier nicht vor. Was zunächst das erste Verfahren anlangt, so würden, wenn der Sumatra-Caffee allein Gegenstand der Forderung gewesen wäre, die Schriften, abgesehen von der etwas verminderten Bogenzahl einzelner, ungefähr ebenso gelautet haben, wie jetzt, wo sechs Ansprüche verfolgt wurden. Das Gleiche gilt im Durchschnitt von der Beweisinstanz, wobei im Allgemeinen nicht zu übersehen ist, daß der Kläger als Producent die Mehrzahl der hier erwachsenen Kosten ohnehin getragen hat. Die Beweismittel in Betreff des Caffees sind auch hier dieselben, wie in Ansehung der übrigen Colonialwaaren, der Beweis, daß die 71 Pfd. Caffee nicht gefehlt haben, ist vom Kläger aufgegeben, der der gehörigen Verpackung der Waaren ihm vom Beklagten erlassen, und auf den eigentlichen, wie uneigentlichen Gegenbeweis, von denen letzterer drei Beweissätze umfaßte, von diesem verzichtet worden. Sollte aber auch theils im ersten Verfahren, theils im zweiten, und namentlich endlich im Hauptverfahren durch die auf die aberkannten Ansprüche verwendeten Ausführungen ein Kostenmehr entstanden sein, so wird diese Ungleichheit durch die Compensation von Kosten ausgeglichen, welche der Beklagte an sich zu tragen haben würde. Während nämlich über die Kosten des vom Beklagten beantragten Verkaufs der Waaren bereits rechtskräftig entschieden ist, ward die Kostenfrage in Ansehung folgender Punkte theils ausdrücklich, theils stillschweigend zum Erkenntniß in der Hauptsache verstellt.

1. In Betreff der fünf dilatorischen Einreden, von denen die wegen der Caution für die Prozeßkosten überdies einen abgesonderten Schriftenwechsel veranlaßte. Sie sind theils als beseitigt angenommen, theils als unbegründet rechtskräftig verworfen worden, und wäre mithin der Beklagte verbunden, den klägerischen Anträgen gemäß, die dadurch verursachten Kosten zum größten Theile zu erstatten. Eben so ist

2. die Relevanz der Beweisantretung,

3. die den Sachverständigen vorzulegenden Fragen,

4. die Größe der Buchstaben u. s. w. in den Copien der Parteischriften

ohne Grund bestritten, und werden auch diese Kosten den Beklagten treffen.

Die Vergleichung der Kosten wegen wechselseitigen Sieges erscheint daher nach gemeinem Recht gerechtfertigt, und es fragt sich nunmehr, ob und was das Rostocker Stadtrecht a. a. O. hieran geändert habe. Dasselbe bestimmt:

1. die Kostenvergleichung soll nicht stattfinden, wenn der Rechtsstreit durch Eideszuschiebung sine omni alia probatione entschieden ist; wohl aber

2. im entgegengesetzten Fall, also wenn cum alia probatione entschieden ward.

Durch den ersten Satz ist die vor dem Stadtrecht in der Praxis bestehende Streitfrage, ob die Entscheidung eines Rechtsstreites durch Eideszuschiebung stets die Vergleichung der Kosten zur Folge habe, verneint. Es entsteht mithin, da die Forderung wegen des Sumatra-Caffees von der Bestimmung des Stadtrechts überall nicht betroffen wird, indem sie in Folge eines vom Beklagten verweigerten Reinigungseides dem Kläger zuerkannt ward, die Frage, ob die übrigen klagbar gemachten Forderungen unter die erste oder unter die zweite Kategorie fallen. Der Kläger hat versucht, das letzte darzuthun durch die Ausführung, daß in Betreff der durch Eideszuschiebung abgethanen Forderungen eine alia probatio vorliege, man möge der Ansicht sein, daß hierunter die Beweismittel oder deren Resultat zu verstehen sei. Zunächst irrt Kläger darin, daß er glaubt, das Stadtrecht gebe nur die Ansicht von Anton Faber [1]) wieder, welche dahin gehe, Kostenvergleichung trete ein, wenn vor der Eideszuschiebung der Deferent den ihm obliegenden Beweis durch andere Mittel versucht habe. Faber nimmt vielmehr umgekehrt die Vergleichung der Kosten im Fall eines ausgeschwornen Schiedseides als Regel an und läßt eine Verurtheilung des Gegners in dieselben nur dann zu, wenn der Delat oder Relat außer dem abgeleisteten Eide noch andere Gründe für sich hatte. — Sodann liegt eine unrichtige Ansicht

1) Errores pragmatic. decad. 19. cap. 6.

in der Annahme, die alia probatio beziehe sich auf dasselbe Beweis-Thema, über welches der Eid ausgeschworen ward. Diese Auffassung würde zu einem unjuristischen Resultat führen. Sollte nämlich schon der Umstand allein, daß anderweitige Beweismittel vor der Eidesdelation vorgebracht sind, zur Vergleichung der Kosten führen, so würde diese dadurch lediglich der subjectiven Ansicht des Producenten anheimgegeben, und ein Satz aufgestellt sein, der zu dem größten Mißbrauch Anlaß geben müßte. Wird dagegen das Resultat der Beweisführung unter probatio verstanden, so sind nur zwei Fälle möglich: entweder es ist nichts, oder etwas bewiesen. In jenem Fall ist eine probatio juristisch nicht vorhanden, in diesem wenigstens auf den Reinigungseid zu erkennen: in jenem liegt mithin eine delatio sine alia probatione vor, in diesem kann von einer delatio überall nicht die Rede sein. Ein Mittelzustand, welchen der Kläger aus den Worten des Erkenntnisses vom 20sten Januar 1844 herleiten will, zwischen dem Fall, wo nichts, und wo etwas bewiesen ward, wird in dem Rechte nicht anerkannt. Es bleibt daher nichts übrig, als bei einer delatio cum alia probatione an einen Fall zu denken, wo der Beweis mehrere Punkte umfaßt und in Ansehung einiger durch Eideszuschiebung, in Betreff anderer durch sonstige Beweismittel geführt ist. So aufgefaßt, enthält das Stadtrecht nur eine Bestätigung der obenberührten gemeinrechtlichen Grundsätze über Kostencompensation für den Fall eines gemischten Erkenntnisses. Diese Auffassung ist es, welche das Obergericht mit Recht seiner Entscheidung wie in diesem, so in früheren Fällen [1]) zum Grunde gelegt hat.

1) Kreymann wider Evers 8ten October 1839. Berringer wider Laatz 7ten Mai 1842.

Die Kosten dieser Instanz sind verglichen, weil Beklagter theilweise, aber auch nur theilweise, Grund zur Beschwerdeführung hatte.

Anhang.

Die Erklärung des Rostocker St.R. Thl. 5. Tit. 8. Art. 8. kam in der folgenden, auch in anderen Beziehungen interessanten, Rechtssache gleichfalls zur Sprache.

A. Geschichtserzählung.

Die Parteien sind darüber einig, daß die beiden Schwestern des Beklagten, Wilhelmine und Friederike, an einem von dem Kläger zu erbauenden Schooner=Schiffe unterm 12ten Januar 1841 jede einen Antheil von $\frac{1}{64}$ zu nehmen sich verpflichtet haben, und daß der Beklagte auf die durch Vermittelung eines Notars an ihn unterm 8ten August 1842 gerichtete Anfrage des Klägers, ob er die Schuld aus dem $\frac{1}{32}$ Schiffspart im Schiffe Wilhelmine Charlotte, welche seine Schwestern gerhebet hätten, für sich anerkenne, und den Rest der Schuld heute noch berichtigen wolle, eine Erklärung dahin abgegeben hat:

> er erkenne dieses Schiffspart als sein Eigenthum an, fühle sich aber nicht bewogen, den Schuldrest zu bezahlen. Uebrigens würde in diesen Tagen die Sache sich noch anders gestalten.

Die unterm 3ten September 1842 angestellte Klage führt an, daß das $\frac{1}{32}$ Part von den Schwestern auf ihren Bruder, den Beklagten, übertragen worden sei, und daß Letzterer, nach Ausweis der erwähnten Erklärung, dasselbe als sein Eigenthum anerkannt habe, daß endlich von den auf 8000 Thlr. sich belaufenden Baukosten auf jenes $\frac{1}{32}$ Part 250 Thlr. fielen, von denen noch die Summe von 96 Thlr. 42 ß. n. $\frac{2}{3}$ restire. Die Bitte geht dahin:

den Beklagten in die Zahlung der Summe nebst Verzugszinsen zu verurtheilen.

In seiner Erwiederung bemerkt der Beklagte, daß er das fragliche $\frac{1}{32}$ Schiffspart nicht für sein Eigenthum anerkenne; ihm sei von seinen Schwestern dasselbe nicht übertragen worden, und in der gegen den Notar abgegebenen Erklärung liege kein ihn verbindendes Anerkenntniß.

Der Kläger beruft sich in der Replik, um das Eigenthum des Beklagten an dem fraglichen $\frac{1}{32}$ Schiffspart zu beweisen, auf vier später zu erwähnende Thatumstände, deren Relevanz und theilweise deren Wahrheit von dem Beklagten duplicando in Abrede genommen ist.

Unterm 3ten April 1843 ist darauf erkannt:

Würde Kläger den vom Beklagten abgeleugneten Grund der Klage dahin:

daß und wie das Eigenthum von den fraglichen $\frac{2}{64}$ Parten in dem neuerbaueten Schooner-Schiffe „Wilhelmine Charlotte" auf den Beklagten übergegangen sei, besser als geschehen zu erweisen vermögen; so ergehet — — weiter was Rechtens.

Dieses Beweisinterlocut ist rechtskräftig geworden, der Beweis vom Kläger durch Eidesdelation angetreten, und der Eid in der vom Kläger beantragten und nach weiteren Verhandlungen vom Beklagten gutgeheißenen Fassung, in dem am 2ten September 1842 abgehaltenen Termin vom Beklagten abgeleistet worden, und zwar dahin:

daß seine Schwestern — — die Missive — — nicht für ihn in seinem Auftrage und nur ihren

Namen für ihn hergebend unterschrieben haben, und daß sie auch die — — $\frac{1}{64}$ und $\frac{1}{64}$ Schiffsparte — — nie und zu keiner Zeit auf ihn durch Cession, Kauf, Tausch, Schenkung oder auf irgend eine andere Weise übertragen haben, und daß endlich das Eigenthum an den fraglichen Parten — — niemals auf ihn übergegangen sei.

Durch Bescheid vom $\frac{26}{30}$sten September 1843 ist darauf

„der Kläger mit seiner sonach unbegründet erscheinenden Klage ab und zur Ruhe verwiesen, auch schuldig erkannt, dem Beklagten die verursachten Prozeßkosten binnen 14 Tagen bei Strafe der Execution zu erstatten."

Gegen diesen Bescheid, so wie gegen zwei andere gegenwärtig nicht mehr in Betracht kommende Decrete in Nr. 17 und 18. der Acten hat der Kläger das Rechtsmittel der Querel, eventuell das der Restitution eingelegt. Auf den erwähnten Bescheid bezieht sich die 2. und 3. Beschwerde, von welchen die erstere dahin:

daß er schuldig erkannt sei, dem Beklagten die verursachten Prozeßkosten zu erstatten, und daß nicht vielmehr der Gegner zur Erstattung der Prozeßkosten verurtheilt, oder doch auf Compensation der letzteren erkannt worden,

die letztere dahin geht:

daß der Beklagte nicht einmal schuldig erkannt sei, ihm die verursachten Contumatialkosten zu erstatten.

Durch Resolution des O. A. G. vom $\frac{20}{27}$sten November ist der Kläger in Betreff der wider den erwähnten Bescheid vom $\frac{26}{30}$sten September gerichteten 2. und 3. Beschwerde nach §. 5. sub III. 1. und §. 38. sub 4. des Rechtsmittel=Gesetzes auf die ordnungsmäßige Durchführung der Restitution verwiesen worden.

Der Beklagte hat darauf unterm 5ten December eine Erklärung des Klägers über seinen Willen, das Rechtsmittel der Restitution fortzusetzen, oder aufzugeben, beantragt, unter dem Beifügen, daß er, die 3. Beschwerde anlangend, sich den Abzug der durch die Anrufe herbeigeführten Contumatialkosten von dem ihm zu erstattenden Kostenbetrag gefallen lassen wolle, und ein dem Antrag entsprechendes Mandat vom 9ten December erwirkt.

Der Kläger hat sodann unterm 17ten December erklärt, daß er das Rechtsmittel der Restitution fortsetzen wolle, daß übrigens der Beklagte in die unnöthiger Weise verursachten Kosten dieser Erklärung zu verurtheilen sei. Er hat dabei Einiges zur Rechtfertigung der 2. Beschwerde vorgebracht, und in Betreff der dritten es zur richterlichen Beurtheilung verstellt, ob ihm außer den Kosten der Anrufe noch mehrere Contumacialkosten oder doch wegen der abseitigen Anerkennung seiner 3. Beschwerde ein Theil der Interpositionskosten zuzusprechen seien.

Der Beklagte hat darauf seine Erwiederung eingereicht, in welcher er bemerkt, daß überhaupt die Pflicht, Contumacialkosten zu vergüten, sich von selbst verstehe.

B. Rechtliche Beurtheilung.

Die zweite Beschwerde geht dahin, daß nicht der Beklagte in die Prozeßkosten verurtheilt, oder doch diese nicht wenigstens compensirt worden seien.

Das Rostocker Stadtrecht, welches auch von den Parteien in Bezug genommen ist, Th. 5. Tit. 8. Art. 8. lautet:

> Ist der Prozeß durch einen zugeschobenen und abgeschworenen Eid geendigt, so soll der Richter we-

gen der Prozeßkosten darauf sehen, ob die delatio sine omni alia probatione geschehen, oder nicht, und im letzteren, nicht aber ersteren Falle, die Kosten compensiren.

Es wird also zunächst zu untersuchen sein, welcher dieser beiden Fälle in den Acten vorliegt.

Der Kläger hat nun, um das Eigenthum des Beklagten zu beweisen, in der Replik sich auf vier Thatsachen berufen. Die Prüfung derselben ergiebt aber, daß durch dieselben im Sinn des Beweisinterlocuts durchaus nichts bewiesen ist. Was nämlich

1. die erwähnte Erklärung des Beklagten auf die von dem Kläger an ihn gerichtete Anfrage, ob er die Schuld aus dem fraglichen Schiffspart für sich, also als eine ihn verpflichtende anerkenne, betrifft, so liegt dem Beweisinterlocut die Ansicht unter, und von dieser ist also nunmehr bei der Frage: ob und wie viel Beweis bereits in den Acten lag, auszugehen, daß die unter dem Ausdruck Schiffspart begriffenen Rechte und Verbindlichkeiten von einander untrennbar seien, daß daher die Verpflichtungen nur demjenigen obliegen können, dem diese Rechte zustehen, und mithin, um einen Andern als den ursprünglich Verpflichteten in Anspruch nehmen zu können, ein auf dem Willen desselben beruhender Uebergang dieser Verbindlichkeiten nicht minder wie der Rechte, ein Erwerb justo titulo dieser Rechte und Verbindlichkeiten nachgewiesen werden müsse. Diesen Uebergang von untrennbaren Rechten und Verbindlichkeiten nennt das Interlocut den Eigenthumserwerb an dem Schiffspart.

Geht man von dieser Ansicht des Interlocuts aus, so ergiebt sich, daß die Erklärung des Beklagten in keiner Weise als ein Versprechen, sondern da die Entstehung seiner Verbindlichkeit nach den Grundsätzen des Erwerbes von Rechten zu beurtheilen ist, lediglich als eine Behauptung derselben aufgefaßt werden kann. So sagt denn auch das Interlocut, daß in der Aeußerung des Beklagten nur eine Verrühmung mit Rechten enthalten sei, daß es aber zwar wohl Schuld- und Begangenschafts-Geständnisse, aber keine Erwerbungs-Geständnisse von irgend einer Art gebe.

Der Kläger hat sodann

2. sich berufen auf ein der Replik angelegtes Notariats-Document, welches die auf Requisition des Klägers vor dem Notar geschehene Deposition des Gerichtsdieners Buddenhagen dahin enthält: der Beklagte habe gegen ihn bei Gelegenheit einer Citation geäußert, daß seine Schwestern die Missive des Schiffes „Wilhelmine Charlotte" zwar auf ein Schiffspart unterschrieben, jedoch sei dieses Part das seinige. Er habe es bloß von seinen Schwestern unterschreiben lassen, weil sonst Viele mit Rhederei kommen könnten.

Allein aus den eben bemerkten Gründen kann diese gelegentliche Aeußerung des Beklagten nicht nach den Grundsätzen über das außergerichtliche Geständniß, für welche der Kläger sich auf das Stadtrecht Th. 5. Tit. 5. Art. 2. beruft, für eine Verpflichtung des Beklagten einen Beweis liefern, sondern ist dieselbe lediglich als eine Behauptung des Erwerbes aufzufassen. So ist denn auch in dem Interlocut ausdrücklich ausgesprochen, daß der fraglichen Aeußerung überall keine Beweiskraft beigelegt werden könne.

Da sonach den Aeußerungen des Beklagten, als bloßen Behauptungen, alle Beweiskraft abzusprechen und auch bereits in den Entscheidungsgründen abgesprochen worden ist, so kann der in dem tenor sententiae gebrauchte Ausdruck, daß „besser als geschehen" der Eigenthumsübergang zu beweisen sei, nicht wie es der Kläger will, dafür geltend gemacht werden, daß die Eides-Delation cum alia probatione geschehen sei.

Dies letztere folgt also auch nicht aus zwei andern vom Kläger angeführten Thatumständen. Er beruft sich nämlich

3. darauf, daß der Beklagte sich auch wirklich als Eigenthümer des fraglichen Schiffspartes gerirt habe, indem er der von den übrigen Rhedern genehmigten Annahme einer ihm, dem Kläger, offerirten Fracht widersprochen, eine Behauptung, auf welche der Beklagte sich nicht erklärt hat, und

4. darauf, daß der Ehemann der einen Schwester des Beklagten, der Kaufmann Winckelmann, ausgesprochen habe, daß dem Beklagten das fragliche Schiffspart von seinen Schwestern übertragen worden sei, eine Behauptung, welche der Beklagte für unwahr erklärt.

Auch aus diesen Thatumständen folgt für den Eigenthumsübergang an dem Schiffsparte nichts, da, ganz abgesehen davon, daß beide rechtlich nicht feststehen, eines Theils aus dem Widerspruch des Beklagten weder die Gewißheit noch die Wahrscheinlichkeit des zu beweisenden Eigenthumsüberganges folgen, und andern Theils die Aeußerung des Kaufmanns Winkelmann ihrem Inhalte nach zu allgemein und ihrer Form nach ohne Beweiskraft sein würde.

Es liegt sonach in den Acten der Fall vor, daß die Eidesdelation sine omni alia probatione geschehen ist. Faßt man nun auch den erwähnten Artikel 8. des Stadtrechts, welcher ausspricht, daß zwar wohl im entgegengesetzten Falle, nicht aber in diesem Falle der Richter die Kosten compensiren solle, nicht wörtlich, sondern in dem Sinne auf, daß er die vor dem Stadtrecht in der Praxis bestandene Controverse, ob nicht im Fall der delatio sine omni alia probatione die Kosten stets zu compensiren seien, hat entscheiden wollen, mithin die Meinung die ist: daß nicht schon allein durch den erwähnten Umstand die Kostencompensation gerechtfertigt erscheine, dieselbe aber aus anderen Gründen allerdings eintreten könne, so liegen doch solche Gründe nicht vor.

Der Kläger führt in dieser Beziehung, und zwar sogar für die ausschließliche Pflicht des Beklagten zur Kostentragung an, daß dieser ihn durch seine außergerichtliche Anerkennung des Eigenthums zur Klage veranlaßt habe.

Wäre nun bei der Beurtheilung des Kostenpunktes von der Ansicht des Interlocuts, daß der Eigenthümer des Schiffspartes der Verpflichtete sei, auszugehen, so würde allerdings den Beklagten die Schuld treffen, daß er den Kläger zu dem Prozesse durch eine wahrheitswidrige Angabe verleitet habe. Denn der Kläger durfte die auf seine ernstliche Anfrage gegebene Antwort mit vollem Recht als eine ernstliche und in der Wahrheit begründete halten und derselben vertrauen. Es kann demselben auch nicht das als eine seinerseits begangene Schuld angerechnet werden, daß er den Prozeß begann, ohne sich zuvor nach Beweismitteln für den Eigenthumserwerb des Beklagten umzusehen, denn er durfte von der Voraussetzung ausgehen, daß er derselben überall nicht bedürfen, nämlich der Beklagte das Eigenthum nicht ableugnen, oder wenn auch dieses, doch nicht abschwören würde.

Allein, da für die Beurtheilung des Kostenpunktes weder der Entscheidungsgrund, von welchem das Interlocut ausgeht, noch auch die Entscheidung selbst relevirt, da diese über den Kostenpunkt nur so weit entscheidet, als derselbe nach dem Ausfall der Hauptsache, nicht aber insofern er unabhängig davon, sich bestimmt, so ist die vor dem Notar gegebene Erklärung ohne Rücksicht auf das Interlocut zu beurtheilen, und mithin nach dem Grundsatz, daß die Uebernahme einer fremden Schuld auch ohne Zuziehung des Schuldners statthaft und durch den Uebergang der etwa dem Schuldner gegen den Gläubiger zustehenden Rechte auf den Intercedenten nicht bedingt ist, lediglich die Frage zu prüfen, ob der Beklagte die fragliche Schuld als eine von ihm zu zahlende übernommen habe. Da nun aber die Erklärung zwar einerseits so verstanden werden kann, daß der Beklagte in den Worten: er erkenne das Schiffspart als sein Eigenthum an, auch die Schuld als ihn verpflichtend anerkennt und mit dem Zusatz: er fühle sich aber nicht bewogen den Schuldrest zu bezahlen, nur bemerkt, daß er Einreden habe, andererseits aber auch so verstenden werden kann, daß der Beklagte mit dem Eigenthum nur auf die ihm zustehenden Rechte deutet, dagegen von der Schuld bemerkt, daß er sich eben nicht bewogen finde sie zu übernehmen und zu tilgen, so ist bei dieser Zweideutigkeit der Erklärung die Uebernahme der Schuld nicht deutlich in derselben enthalten. Danach hat der Kläger es sich selbst zuzuschreiben, wenn er schlechtweg auf diese zweifelhafte Erklärung hin, ohne zuvor eine bestimnte Erklärung zu fordern, den Prozeß wagte, und ist daher seine Behauptung unrichtig, daß er durch Schuld des Beklagten zu dem Prozeß verleitet worden sei, da der Beklagte ihm zwar wohl aus einer wahrheitswidrigen Erklärung verhaftet gewesen sein würde, zu einer bestimmten

Erklärung aber eben so wenig wie überhaupt zu einer Erklärung verpflichtet war.

Nach der vorstehenden Erörterung ist die zweite Beschwerde des Klägers unbegründet.

Die dritte, daß der Beklagte nicht schuldig erkannt worden, dem Kläger die verursachten Contumacialkosten zu erstatten, ist, was die durch die Anrufe entstandenen Kosten anlangt, durch die dieselben namentlich betreffende Erklärung des Beklagten, und was die Kosten der Nr. 3 und 10. der Acten anlangt, welche in Erwägung, daß die in Nr. 4 und 9. ersichtlichen Schriftsätze des Beklagten nach Ablauf der durch die Decrete ad Nr. 2 und ad Nr. 8. anberaumten Fristen eingereicht sind, an sich als gerechtfertigt erscheinen [1]), durch die Erklärung des Beklagten, daß überhaupt die Verbindlichkeit, die Contumacialkosten zu vergüten, sich von selbst verstehe, erledigt.

Es war demnach der angefochtene Bescheid zwar zu bestätigen, jedoch mit der im Urtheil enthaltenen, die Contumacialkosten betreffenden Erläuterung.

Was die Kosten der gegenwärtigen Restitutions-Instanz betrifft, so sind dieselben von dem Kläger zu tragen, resp. zu erstatten, da die zweite Beschwerde sich als unerheblich herausstellt, durch die dritte aber, welche zwar an sich für begründet zu erachten ist, keine besonderen Kosten dem Kläger erwachsen sind. Es ist daher ohne

---

1) Das Obergericht zu Rostock entschied in Sachen des Directoriums der Brauercompagnie wider Kägebein, puncto contraventionis den 30sten Mai 1842: . . „daß Anrufe, nach abgelaufenen Fristen und vor Insinuation der gegnerischen Peritionen übergeben, nach bestehendem Gerichtsgebrauch, zu den Gegenständen der Kostenerstattung mitzuzählen sind."

Grund, wenn der Kläger meint, daß wegen der abseitigen Anerkennung der dritten Beschwerde ein Theil der Interpositionskosten dem Beklagten zur Last zu legen sei.

Dahingegen hat der Kläger mit Recht bemerkt, daß dem Beklagten die Kosten zur Last fallen müßten, welche dadurch veranlaßt sind, daß derselbe eine Erklärung über die Fortsetzung des eventuell interponirten Rechtsmittels der Restitution beantragt habe.

Es sind das die Kosten dieses Antrages und des darauf erfolgten Mandats und der in Folge dieses Mandats abgegebenen Erklärung. Diese Kosten fallen allerdings dem Beklagten zur Last. Denn da der Kläger mit dem Rechtsmittel der Querel eventuell das der Restitution eingelegt hatte, so lag bereits seine Erklärung, für den Fall, daß ihm das Rechtsmittel der Querel werde abgeschlagen werden, welches in Betreff der zweiten und dritten Beschwerde geschah, so weit die Restitution verfolgen zu wollen, in den Acten deutlich vor. Es bedurfte mithin einer wiederholten Erklärung desselben nicht, und war demnach diese selbst, so wie der Antrag und das Mandat, wodurch sie veranlaßt ward, überflüssig. Wenn der Beklagte bemerkt, sein Antrag sei vom Kläger dadurch provocirt worden, daß die gesetzliche Frist zur Justification der Beschwerden längst verstrichen gewesen sei, so übersieht er, daß die sechswöchentliche Frist, welche dem Kläger, nach §. 27. der Rostocker Verordnung über die Rechtsmittel in Civilsachen, zustand, erst mit der Insinuation des den Kläger auf die Durchführung der Restitution verweisenden Erkenntnisses des Oberappellationsgerichts zu laufen begann.

Was nunmehr die Berechnung der hiernach dem Beklagten zur Last fallenden Kosten anlangt, so nimmt in der unter Nr. 26. enthaltenen Schrift der fragliche Antrag etwa die Hälfte derselbe ein; gegen die andere Hälfte, deren Kosten vom Kläger zu erstatten sein würden, kann passend die in Nr. 27. auf Seite 2 enthaltene Erklärung in Anrechnung gebracht werden; es war daher angemessen, von den dem Kläger zur Last fallenden Kosten die Kosten des unter Nr. 26. enthaltenen Actenstückes einschließlich der des dort befindlichen Mandats auszunehmen.

VII.[1])

1. Das Gericht hat seine Zuständigkeit von Amtswegen zu prüfen. Eine unrichtige Bezeichnung des gewählten Gerichtsstandes ist ohne Nachtheil. Die Grundsätze der libelli mutatio sind hier unanwendbar.

2. Der Kläger hat die Thatsachen, aus denen sich die Gerichtszuständigkeit beurtheilen läßt, anzugeben, nicht sofort zu beweisen. Der Beklagte muß sich hierüber erklären: im Unterlassungsfall trifft ihn insoweit der für die Klagbeantwortung angedrohete Rechtsnachtheil. J.-R.-A. §. 40.

3. Im Gerichtsstand der geführten Verwaltung können directae von und contrariae actiones wider den Geschäftsherrn angestellt werden.

4. Widerlegung der Ansicht Mühlenbruchs (Archiv f. civ. Pr. Th. 19. Nr. 18.) über den Rechtsgrund des forum contractus. Andere Ansichten, und deren Anwendung auf den vorliegenden Fall.

---

1) Aus Acten, welche der Juristen-Facultät zur Fällung des letzten Urtheils in der Beweisinstanz vorlagen.

5. Zur Begründung des forum contractus sind persönliche Anwesenheit oder Vermögensbesitz im Gerichtsbezirk nicht erforderlich. Erklärung von c. 1. §. 3. de foro comp. in 6to. 2, 2.

6. Das forum contractus wird durch einen persönlich befreiten Gerichtsstand nicht ausgeschlossen.

A. Geschichtserzählung.

Der Handelsmann Dietrich R. zu Frankfurt a. M. hatte mit dem Oberfinanzrath H. zu Darmstadt seit längerer Zeit in der Weise in Geschäftsverbindung gestanden, daß R. im Auftrag und für Rechnung des H. Staatspapiere kaufte, auf deren Cours der Letztere speculirte. Im Jahre 1836 entstand zwischen Beiden eine Differenz wegen der von R. in dem Contocourant von 1835 in Betreff eingekaufter spanischer Papiere aufgemachten Zinsberechnung. Dieser Zwist war der Anlaß, daß R. den 10ten Nov. 1836 bei dem Stadtgericht zu Frankfurt wider H. eine Klage einreichte, in welcher er unter Anlage des Contocourants, so wie eines denselben mit Ausnahme der Zinsberechnung anerkennenden Briefs des Beklagten vom 6ten Februar 1836 verlangte, daß dieser angehalten werde, seine in den Händen des Klägers pfandweise befindlichen spanischen Papiere durch Berichtigung der Forderung des Klägers auszulösen; indem er sich für die Zuständigkeit des Stadtgerichts theils auf seine Geschäftsführung, theils darauf berief, daß die Papiere pfandweise bei ihm lägen. Diese Klage ward durch Decret vom 12ten November 1836 dem Beklagten unter der Verwarnung des Zugeständnisses respective der Aechtheitserklärung mitgetheilt. Der Beklagte hielt sich durch die Einrede der mangelnden Gerichtszuständigkeit von der Einlassung befreit, und nachdem noch der Kläger den Gerichtsstand als forum contractus zu vertheidigen versucht, der Beklagte hiegegen als libelli mutatio protestirt hatte, erfolgte unterm 7ten April 1837 ein Urtheil des Stadtgerichts, welches in Erwägung:

1. daß Beklagter nicht verabrede, seit mehreren Jahren mit Kläger in Geschäftsverbindung zu stehen;

2. daß aus dem eigenen, nicht verabredeten Brief des Beklagten vom 4ten Februar 1836 hervorgehe, daß, nach einer getroffenen Uebereinkunft, Kläger für Beklagten in Frankfurt Staatspapiere erkaufte, Geld dazu vorschoß, und daß Beklagter dieselben in den Händen des Klägers ließ;

3. daß es sich somit um ein in Frankfurt zu vollziehendes Geschäft handele, und solches daselbst vollzogen sei; mithin

4. das forum contractus in Frankfurt, woselbst Beklagter seine Verbindlichkeiten zu erfüllen habe, begründet sei; sowie

5. daß nach Angabe des Klägers und Inhalt des gedachten Briefs des Beklagten, sich die diesem zugehörigen Staatspapiere in den Händen des Klägers befänden, welchem daran ein Retentionsrecht zustehe; und endlich

6. es unter diesen Verhältnissen nicht darauf ankomme, welchen Gerichtstand der Beklagte in seinem Wohnort habe;

die Einrede der Incompetenz verwarf, und dem Beklagten, unter Verurtheilung in die Kosten des verzögerten Prozesses, die Litiscontestation anderweit auferlegte. Eine gegen dieses Urtheil eingewandte und ausgeführte Appellation, wurde durch ein von der Juristenfacultät zu Halle eingeholtes Urtheil vom 18ten Dec. 1837 aus folgenden Gründen gleichfalls verworfen.

B. Rechtliche Beurtheilung.

Behufs der Anfechtung des die Einrede der Incompetenz als unbegründet verwerfenden und dem Beklagten die Einlassung auf die Klage auferlegenden Bescheides vom 7ten April 1837 hat Beklagter und Appellant

I. sich darauf bezogen, daß Kläger zuerst in seiner Klagschrift das Stadtgericht zu Frankfurt als forum gestae administrationis, dagegen in der Replikschrift als forum contractus bezeichnet, und dadurch einer unerlaubten mutatio libelli sich schuldig gemacht habe, in Folge deren jedenfalls die erhobene Klage hätte abgewiesen werden müssen, wenn man auch zugeben wollte, daß das Stadtgericht als forum contractus für competent erachtet werden dürfe. In der bemerkten Abänderung der klägerischen Ausführung wäre indeß, wenn die Competenz des angegangenen Gerichts mit dem Fundament der erhobenen Klage parallelisirt zu werden vermöchte, immer nur eine, bekanntlich gestattete, emendatio libelli, nicht eine mutatio libelli zu finden, indem es offenbar dem Falle analog ist, wo zwar das petitum, so wie es gestellt worden, aus den vom Kläger angeführten Thatsachen sich rechtfertigt, aber darauf nicht die speziell namhaft gemachte Klage gestützt werden kann, und in Folge dessen Kläger sich zu anderer und richtigerer Bezeichnung derselben veranlaßt sieht. Es erscheint aber überhaupt irrig, das Dasein der Competenz als zum Fundament der Klage gehörig zu betrachten, indem darunter nur diejenigen Thatsachen und gesetzlichen Vorschriften, auf Grund deren das verfolgte Recht entstanden und erworben ist, begriffen sind, keineswegs aber diejenigen thatsächlichen und rechtlichen Momente, von welchen die Rechtsbeständigkeit des formell in dem einzelnen Falle gerade beliebten Verfahrens abhängig ist. Außerdem gehört auch die Competenz offenbar zu denjenigen wesentlichen Voraussetzungen eines Rechtsstreits, über deren Dasein oder Mangel, gleichwie bei den Legitimationen, der Richter unabhängig von den Anträgen und Behauptungen der Parteien ex officio zu entscheiden ebenso berechtigt als verpflichtet ist. Es bedarf daher weder nothwendig einer bestimmten Angabe des Klägers, daß und aus welchen Gründen die Competenz des angegangenen Gerichts vorhanden sei, noch auch kann für denselben ein Nachtheil daraus erwachsen, wenn er die wahren Gründe der Competenz verkannt und zu deren Nachweisung, resp. Rechtfertigung sich auf Umstände bezogen hätte, welche dazu nach den Gesetzen als ausreichend nicht anerkannt zu werden vermögen. Es hat vielmehr in der ersteren Beziehung der Kläger nur dann, wenn der Beklagte eine desfallsige Einrede opponirt oder das Gericht wegen angeblicher Incompetenz zur Rückweisung der Klage sich veranlaßt sieht, die Gründe der Competenz näher auszuführen, und ebenso muß in der andern Beziehung, sobald aus den in der Klagschrift angegebenen Thatsachen nur überhaupt, wenn schon nicht in der vom Kläger versuchten Weise, die Competenz des angegangenen Gerichts gesetzlich gerechtfertigt erscheint, die Einleitung des Rechtsstreits unbedingt für zulässig erachtet, und jedes desfallsige auf jene irrthümliche Begründung der Competenz gestützte Widerspruchsrecht um so mehr dem Beklagten abgesprochen werden, als überall, wo nur ein Rechtspunkt in Frage steht, die Gesetze dem Richter ausdrücklich [1]) ein Ergänzungsrecht ertheilen. End-

1) l. un. C. ut quae desunt (2. 11.)

lich ist noch zu erwägen, daß das forum contractus und das forum administrationis keineswegs einander völlig entgegengesetzt, sondern nur zwei Unterarten derselben Hauptgattung des Gerichtsstandes, nämlich des fori obligationum, im Gegensatz des fori rei sitae sind, wie dies übereinstimmend von älteren und neueren Juristen [1]) anerkannt wird, unter welchen Umständen es der Partei um so weniger zum Präjudiz gereichen kann, wenn sie das als forum contractus competente Gericht als forum gestae administrationis oder umgekehrt bezeichnet hat, sobald nur aus den der Klage zu Grunde liegenden Thatsachen eine solche obligatorische Verbindlichkeit entspringt, über welche gerade vor diesem Gerichte rechtliche Verhandlungen eingeleitet werden dürfen. Solchergestalt würde, selbst vorausgesetzt, daß im vorliegenden Falle gar nicht aus einer geführten Verwaltung fremder Geschäfte geklagt wäre oder werden könnte, sondern jedenfalls nur ein eigentliches forum contractus begründet wäre, der dem Kläger zum Vorwurf gemachte Wechsel in der Bezeichnung der hier angeblich vorhandenen Competenz überall nicht urgirt, und in keiner Weise darauf das Gesuch um zeitige Abweisung der erhobenen Klage gestützt werden können.

Soviel nun aber

---

1) Azo summa codicis de jurisdict. Nr. 25.
Cujacius in Afric. ad l. 3. D. de legat.
Donellus comment. jur. civ. XVII, 14.
Martin Lehrb. des deutsch. gem. bürgerl. Proz. 11te Ausg. §. 52 — 54.
v. Grolmann Theorie des gerichtlichen Verfahrens in bürgerl. Rechtsstreit. 5te Aufl. §. 39 und 40.
Linde Lehrb. des deutsch. gem. Civilprozesses. 3te Ausg. §. 91.
Bayer Vortr. üb. den gem. ordent. Civilproz. 5te Aufl. S. 71.

II. die Frage anbelangt, ob wirklich das Stadtgericht zu Frankfurt in vorliegender Rechtssache für competent zu erachten sei, so hat Beklagter und Appellant in seiner gegenwärtigen Beschwerdeschrift

A. behaupten wollen, daß, da er die bei der Klageschrift befindlichen Beilagen, d. h. die vom Kläger angelegte Rechnung, nebst dem angeblich von ihm, dem Beklagten, herrührenden Briefe, noch nicht anerkannt habe, und auf dieselben ebensowenig als auf die Klage selbst sich einzulassen verbunden gewesen sei, somit alle darin angeführten Thatsachen weder erwiesen wären, noch in contumaciam für zugestanden erachtet werden könnten, unter solchen Umständen die Competenz des Stadtgerichts aus den angegebenen Thatsachen, wenn gleich diese im Allgemeinen zu deren Begründung geeignet wären, überall nicht deducirt und gerechtfertigt zu werden vermöge, wie dies in der sententia a qua gleichwohl mehrfach geschehen sei. In der That ist es nun auch unzweifelhaft, daß nach Vorschrift des J.=R. A. [1]) im Falle einer exceptio fori declinatoria die Einlassung auf die Klage unterbleiben darf, ohne daß die gesetzlich mit der Verweigerung und Unterlassung der litis contestatio verbundenen Präjudicien und Rechtsnachtheile eintreten, im vorliegenden Falle also das Zugeständniß sämmtlicher, in der Klage und ihren Anlagen enthaltenen Thatsachen und die unbedingte Recognition des derselben beigelegten Schreibens des Beklagten angenommen werden dürfe. Nicht minder erscheint die Behauptung des Klägers und Appellaten, daß jene gesetzliche Bestimmung nur die eigentliche Klageinlassung betreffe, und daher zwar deren Unterlassung dem Beklag=

1) §§. 37. 40.

ten unpräjudicirlich sei, hinsichtlich des beigefügten Beweisdocuments aber das in dem Communications-Decrete vom 12ten December 1836 gestellte Präjudiz der Rechterkennung in Kraft getreten sei, und durch das jetzige Ableugnen der Aechtheit jener Anlage nicht mehr beseitigt werden könne, um deswillen verwerflich, weil in dem J.-R. A. [1]) nicht der eigentlichen Klagbeantwortung allein, sondern auch des Verfahrens über die probatoria, falls diese nur mit der Klage insinuirt wären, Erwähnung geschieht, und solchergestalt auch die für die exceptiones fori declinatoriae gleich nachher anerkannte Ausnahme auf die Litiscontestation und auf die Recognition der Probatorialien in gleicher Weise bezogen werden muß, zumal auch die ebendaselbst [2]) enthaltene Bestimmung, daß bei einer solchen Einrede der Beklagte „sich in der Hauptsach einzulassen nicht verbunden sei," nur den Gegensatz von der „Erörterung des puncti fori incompetentiae" bildet, also Alles und Jedes umfaßt, was hiermit nicht in unmittelbarem Zusammenhange steht.

Wie indessen bei der Beurtheilung der Frage, ob eine erhobene Klage für zulässig zu erachten, oder als des Klagfundaments entbehrend zurückzuweisen sei, nur darauf es ankommt, ob, die Richtigkeit der in derselben angeführten Thatsachen vorausgesetzt, der klägerischer Seits geltend gemachte Anspruch nach den Gesetzen daraus hergeleitet werden könne, keineswegs aber erfordert wird, daß der Kläger sofort und von vorne herein die nach Lage der Sache entscheidenden Thatsachen in Gewißheit stelle, so kann auch offenbar bei der Entscheidung über das Dasein oder Nichtdasein der Competenz, und zwar nicht bloß in den Fällen,

---

1) §. 37. 2) §. 40.

wo diese nicht, wie bei dem forum domicilii oder forum privilegiatum personarum, in einem bestimmten dauernden Verhältnisse des Beklagten ihren Grund hat, sondern auch da, wo dieselbe, wie beim forum obligationum oder connexitatis, durch besondere, in dem einzelnen concreten Rechtsstreite eintretende Umstände begründet wird, eine sofort bei Einbringung der Klage bewirkte Bescheinigung der über die Competenz entscheidenden Thatsachen nicht gefordert werden; vielmehr wird, wenn vom Beklagten dieselben nicht in Abrede genommen werden, und zugleich, deren Wahrheit vorausgesetzt, zur Begründung der Competenz an sich geeignet sind, die behauptete Gerichtszuständigkeit um so mehr angenommen werden dürfen, als bei der fast unbeschränkten Zulässigkeit einer prorogatio fori jede Nichtanfechtung der zur Begründung der gesetzlichen Competenz angeführten Thatsachen für eine freiwillige Unterwerfung unter die Jurisdiction des angegangenen Gerichts zu erachten ist. Einestheils genügt es daher, wenn Kläger nur die das forum speciale seiner Ansicht nach begründenden Thatsachen anführt, andererseits ist es unzweifelhaft, daß wenigstens hierüber der Beklagte sich erklären muß, wie denn auch der J.-R. A. [1]) ausdrücklich vorschreibt, daß, wenn gleich in Folge einer exceptio declinatoria die Einlassung auf die Hauptsache ohne irgend einen Rechtsnachtheil unterbleiben dürfe, doch eine Erörterung der exceptio selbst, da über dieselbe zuvörderst erkannt werden soll, unumgänglich sei. Wenn nun gleich dem Beklagten der Beweis der Incompetenz, als einer bloßen Negation nicht zugemuthet werden darf, so muß er doch wenigstens auf diejenigen Thatsachen, welche vom Kläger implicite oder

1) §. 40.

ausdrücklich zur Rechtfertigung der von ihm angenommenen Competenz angeführt und nach den Gesetzen dazu erforderlich sind, sich ausdrücklich und vollständig, wenn gleich nur negative, einlassen. Obwohl daher Beklagter im vorliegenden Falle auf die Klage und deren Anlagen, soweit die klägerische Geschichtserzählung und die dafür beigebrachten Probatorialien den Hauptanspruch selbst betrafen, der vorgeschützten forideclinatorischen Einrede wegen nicht verbunden war, sich einzulassen, so mußte er doch über die in der Klagschrift und deren Beilagen erwähnten Thatsachen, insofern sie ausdrücklich oder doch zugleich zur Begründung der Competenz dienen sollten, sich auf Grund der ihm zugegangenen Weisung erklären, und insoweit er dieses nicht gethan, ist allerdings in Folge des gestellten Präjudices jede solche Thatsache zwar nicht, was die daraus hergeleiteten Hauptansprüche, wohl aber, was die darauf gegründete Verpflichtung des Beklagten zur Unterwerfung unter die stadtgerichtliche Jurisdiction anbetrifft, für zugestanden anzusehen, und daher auch die Competenz des Stadtgerichts, sofern sie nur gesetzlich aus jenen Thatsachen gerechtfertigt zu werden vermag, als hinreichend dargethan zu erachten.

Erwägt man nun mit Rücksicht hierauf zunächst:

B. die Frage, ob ein forum gestae administrationis, als worauf sich anfangs Kläger gestützt hat, in vorliegendem Falle eintrete, so hat zwar Kläger nicht behauptet, daß ihm von dem Beklagten die Verwaltung des ganzen Vermögens oder eines bestimmten Theils desselben, wie bei einer Tutel- oder Güter-Administration, übertragen sei. Allein die Klage enthält die ausdrückliche Behauptung, daß Kläger auf Ersuchen und im Auftrage des Beklagten überhaupt dessen Geschäfte in Frankfurt besorgt, und in Folge dessen einzelne bestimmte Ankäufe abgeschlossen habe; auch stimmt damit der der Klage beigelegte Contocourant überein. Es handelt sich daher hier nicht sowohl um die Ausführung einzelner Aufträge, als vielmehr um eine bleibende Geschäftsverbindung, bei welcher Kläger als Commissionair des Beklagten für die in Frankfurt abzumachenden Geld- und anderweitigen Geschäfte des Beklagten fungirte, welche Art von Verbindung unter den Begriff einer gesta administratio um so unbedenklicher zu stellen sein dürfte, als die Gesetze [1]) ausdrücklich auch für die Geschäftsführung der argentarii das forum speciale als begründet anerkennen, und deren Geschäfte gerade von der Art waren, als die von dem Kläger hier übernommenen [2]). Es hat aber Beklagter jene Geschäftsverbindung, welche der gesetzlich genügende Grund der behaupteten Competenz des Stadtgerichts wäre, weil der Ort, wo das Geschäft des argentarius betrieben wird, ausdrücklich als der der anzustellenden Klage in den Gesetzen bezeichnet ist, nicht verabredet, und da auch der Einwand, daß es sich hier nicht um eine gegen den Administrator, sondern um eine von demselben erhobene Klage handle, das forum gestae administrationis aber nur für jenen Fall gesetzlich anerkannt sei, dadurch sich erledigt, daß nach der übereinstimmenden Ansicht der Rechtslehrer [3]) sowohl in foro contractus in sp., als in foro gestae administrationis die contrariae actiones gleich den directis angebracht werden dürfen, und ein Unterschied zwischen dem Falle, wo erstere selbstständig, oder wo sie

---

1) l. 19. §. 1. D. de judiciis (5. 1.)

2) Kraut comm. de argentariis et nummulariis c. 2. p. 23 sqq.

3) Danz ordentl. Prozeß. 5te Aufl. §. 30.
Linde a. a. O. §. 91 und 92. und die daselbst allegirten Schriftsteller.

nur auf Veranlassung letzterer oder in Verbindung mit diesen angestellt würden, nicht anzunehmen ist, so würde schon aus diesem Grunde die Verbindlichkeit des Beklagten, vor dem Stadtgerichte zu Frankfurt auf die Klage sich einzulassen, nicht zu bezweifeln und die demgemäß ergangene sententia a qua zu rechtfertigen sein. Wollte man jedoch

C. darauf Gewicht legen, daß Kläger auf Erfüllung der Verbindlichkeiten, welche aus einzelnen bestimmten von ihm übernommenen und ausgeführten Geschäften für den Beklagten entstanden seien, nicht aber überhaupt auf Anerkennung und Berichtigung des gelegten Conto-Courant sein Klagpetitum gestellt, und somit das Stadtgericht zu Frankfurt eigentlich nur als forum contractus angegangen, auch hinterher, daß dies seine Absicht und Ansicht sei, ausdrücklich und nach der obigen Ausführung sub I. vollkommen zulässiger Weise erklärt hat, so würde doch die erhobene exceptio fori incompetentis als unerheblich und unzulässig, wie in der sententia a qua geschehen, verworfen werden müssen.

Allerdings hat

1. neuerdings einer der bewährtesten Rechtslehrer [1]) die Ansicht aufgestellt und näher zu begründen versucht, daß das s. g. forum speciale contractus keineswegs jederzeit bei Verfolgung obligatorischer Ansprüche eintrete, und daß das bloße obligatorische Handeln an einem bestimmten Orte auch nicht zur Begründung eines solchen besondern Gerichtsstandes ausreiche, sondern daß eigentlich hier das forum domicilii competent sei, weil am Wohn-

---

1) Mühlenbruch, über das forum contr. im Archiv für civ. Prax. Thl. 19. Nr. VIII.

orte der Mittelpunkt des gesammten bürgerlichen und Geschäftslebens eines Menschen, und daselbst der Sitz seiner vermögensrechtlichen Persönlichkeit angenommen werden müsse, und daß nur dann der besondere contractliche Gerichtsstand eintrete, wenn entweder Jemand, ohne sein persönliches Domicil zu ändern, einen Theil seines gewerblichen oder Geschäftslebens an einen dritten Ort verlegt, wie etwa durch Uebernahme einer fremden Vermögensverwaltung, oder durch den Besuch von Messen und Jahrmärkten, oder durch Anlegung einer Geschäfts-Commandite an einem dritten Orte, oder wenn er an seinem frühern Wohnorte contractliche Verbindlichkeiten übernommen, nachher aber seinen Wohnort zu verändern sich veranlaßt gesehen hat. Hiernach würde denn freilich der Beklagte in vorliegendem Falle zur Einlassung auf eine außerhalb seines Wohnortes angebrachte Klage nicht für verbunden erachtet werden können, weil keine der bemerkten Voraussetzungen in dessen Person zutrifft, und derselbe, wie ausgedehnt und fortdauernd auch die kaufmännischen Geschäfte und Fonds-Speculationen gewesen sein mögen, in welche er sich unter Vermittelung und Beihülfe des Klägers eingelassen zu haben scheint, immer doch nur insgeheim und unter fremdem Namen dieselben allem Anscheine nach betrieben hat, und schon seiner anderweitigen amtlichen Verhältnisse wegen um so weniger von ihm gesagt werden kann, daß er sein gewerbliches oder Geschäftsleben theilweise nach Frankfurt verlegt, und in dieser Beziehung sich dort gleichsam domicilirt habe.

Allein mit jener von Mühlenbruch aufgestellten Ansicht stimmt, wie dieser selbst zugesteht, die gemeine in der Theorie und Praxis, wie in der neueren Particular-Gesetzgebung übereinstimmend anerkannte Meinung keineswegs überein; vielmehr gilt es nach dieser als Regel, daß, wenn auch unter electiver Concurrenz des fori domicilii und so, daß in bestimmten Fällen wegen besonderer Umstände spezielle Ausnahmen eintreten, im Allgemeinen und der Regel nach Jeder da, wo er contrahirt habe, aus dem Contracte in Anspruch genommen werden könne [1]), und erscheint auch, bei näherer Erwägung der einschlagenden Gesetze, diese letztere, allgemein recipirte Meinung mehr, als jene neuerdings geltend gemachte Ansicht, gerechtfertigt. Denn zunächst dürfte auf eine Coderstelle [2]), wonach in dem gegenwärtigen Wohnorte des Beklagten oder in dessen früherem, zur Zeit des Contracts noch begründetem das competente Forum sein soll, wenig Gewicht zu legen sein, da theils der zu diesem Rescripte Anlaß gebende Fall nicht bekannt ist, theils aber jedenfalls der frühere Wohnort nicht um deswillen allein für über die Competenz entscheidend gelten kann, weil es eben der Wohnort war, sondern nur aus dem Grunde, weil dort der Vertrag war geschlossen worden, oder doch, so lange nicht ein anderer Ort des Abschlusses feststeht, als am Sitze aller Lebens- und Rechtsverhältnisse des Schuldners, d. h. an seinem Wohnorte zu Stande gekommen erachtet werden mußte, und somit doch der Abschluß des Vertrags als das eigentlich bestimmende Moment hervortritt. Sodann stellt eine Digestenstelle [3]) offenbar in den Anfangsworten sehr bestimmt die Regel, daß, wie bei den Verbindlichkeiten aus einer dauernden

---

1) Claproth, Einleit. in den ordentl. bürgerl. Proz. §. 37.
Danz a. a. O. §. 31.
Martin a. a. O. §. 52.
Linde a. a. O. §. 91.

2) l. 2. C. de juris. omn. jud. (2. 1.)

3) l. 19. §. 1 et 2. D. de judiciis (5. 1.)

Administration der Ort der Geschäftsführung schlechthin die Competenz des Gerichts bestimme, ebenso auch (proinde et) bei einzelnen vorübergehenden Geschäften, wie Kauf und Verkauf, an dem Orte des Abschlusses (certo loci) die Klage angenommen werden müsse, wenn nicht ein Uebereinkommen vorliege, daß an einem andern Orte die etwanige Klage ventilirt werden, und der Schuldner zu Recht stehen solle (nisi alio loci ut defenderet convenit). Alles Folgende aber bezieht sich nur auf die Frage, ob ein ausdrückliches Abkommen über solchen anderweitigen Klageort nöthig sei, oder auch wohl aus den äußern Umständen der Contractsabschließung, oder aus dem sonstigen Inhalte des Vertrages gefolgert werden könne, wo denn der Jurist sich stillschweigend für das letztere erklärt, und dies damit zu belegen sucht, daß theils von einem Durchreisenden, im Gegensatze dessen, welcher außerhalb seines Wohnsitzes am Orte der Vertrags-Abschließung eine Waaren-Niederlage oder sonstiges Geschäft hat, möge er dies selbst oder durch einen Factor verwalten lassen, anzunehmen sei, er habe nur an seinem Wohnorte zu Recht stehen wollen, und dies als sich von selbst verstehende Abrede über den Ort der Klage angesehen werden müsse, theils aber die Abrede über einen bestimmten Zahlungsort immer auch dahin zu verstehen sei, als solle außer dem Wohnorte nur dort, nicht am Orte des Abschlusses, eine Verpflichtung zur Einlassung auf die Klage begründet sein. Wenn aber ferner in einer andern Stelle [1]) zunächst allerdings nur von der bonorum venditio die Rede ist, so wird doch diese

1) l. 1 — 3. D. de rebus auct. jud. poss. (42. 5.) Venire ibi bona oportet, ubi quisque defendi debet, i. e. ubi domicilium habet, aut ubi quisque contraxit.

der Gerichtszuständigkeit völlig parallelisirt, so daß, wo letztere begründet ist, jene stattfinden kann, umgekehrt aber, wo die venditio rechtmäßiger Weise beantragt und bewilligt ist, die Competenz als vorhanden angenommen werden muß, und kann daher diese Stelle nicht bloß von den Wirkungen, wie Mühlenbruch vermeint, sondern auch von den Gründen der Gerichtszuständigkeit verstanden und als Beweis für den hier in Frage stehenden Punkt unbedenklich benutzt werden. Auch erscheint bei näherer Prüfung die Deutung verwerflich, welche Mühlenbruch den Worten ubi quisque contraxit dahin geben will, daß nicht schlechthin in loco contractus, sondern nur dann, wenn den gerade obwaltenden Umständen nach dort ein Gerichtsstand begründet ist, die bonorum venditio stattfinden könne. Denn einestheils deutet schon der Ausdruck quisque, wenn auch nicht der Gebrauch des Indicativs, darauf hin, daß mit jenen Worten der Jurist eine allgemeine Regel aufstellen will, und nicht einen besondern concreten Fall subintelligirt, und dies um so mehr, als die Worte ubi domicilium habet ein aus einem andern Schriftsteller entnommenes Einschiebsel sind, und jene Worte ursprünglich unmittelbar an die Worte ubi quisque defendi debet, und zwar mit dem Copulativ id est, also als Erklärung derselben sich anschlossen. Anderntheils würde jene Interpretation nur dann sich billigen lassen, wenn die venditio bonorum, abgesehen von dem forum commune domicilii auch noch von andern Gerichten, als denen des Contractortes, die nur der Jurist zu erwähnen nicht für nöthig erachtete, hätte stattfinden können. Dies ist aber nicht der Fall, indem alle fora privilegiata causarum, wie personarum, erst dem spätern Rechte angehören, von dem forum reconventionis ungeachtet zweier Stellen [1]), welche nur von den aus zweiseitigen Verträgen entspringenden actiones contrariae im Verhältniß zu den directis zu verstehen sind, das Gleiche behauptet werden muß, und was endlich das forum rei sitae betrifft, abgesehen davon, daß es [2]) gleichfalls erst späteren Ursprungs ist, dies vor Allem in Betracht kommt, daß es bei dinglichen Ansprüchen zu einer eigentlichen venditio bonorum nicht kommen konnte, weil alle dinglich Berechtigten und nach dem ältern Rechte selbst die Pfandgläubiger auf den Concurs sich nicht einzulassen brauchten, sondern unmittelbar an die Sache sich hielten, an welcher ihnen ein dingliches Recht zustand, außerdem aber auch das fraudulose Latitiren des Beklagten, welches gleichfalls [3]) eine bonorum venditio zur Folge hatte, den dinglich Berechtigten nicht schadete, da sie gegen jeden, bei welchem sie die Sache vorfanden, ohne daß es auf dessen Besitz- und Rechtstitel ankam, ihre Klage verfolgen durften, während obligatorische Ansprüche nur gegen den eigentlichen Schuldner geltend gemacht werden können, und daher hier für den Fall des Latitirens ein Auskunftsmittel gegeben werden mußte.

Solchergestalt können die Gründe, welche Mühlenbruch aus dem Inhalte der Gesetze, theils gegen die gemeine Meinung, theils für seine Ansicht, daß außer dem Contractsabschlusse noch eine bestimmte dauernde Beziehung des Contrahenten zu dem Abschlußorte erforderlich sei, geltend zu machen versucht hat, für genügend nicht er-

---

1) l. 22. D. de judic. (5. 1.) l. 11. §. 1. D. de jurisd. (2. 1.)

2) Fragm. Vat. §. 326. vgl. mit l. 3. C. ubi in rem actio (3. 19.)

3) l. 7. §. 1. D. quib. ex causis (42. 4.)

achtet werden. Außerdem spricht für die gemeine Meinung noch dies, daß der Grund, welcher zur Rechtfertigung des fori administrationis angeführt wird [1]), daß nämlich am Orte der Verwaltung am leichtesten durch Zeugnisse und andere Beweismittel das Sachverhältniß ins Klare gestellt werden könne, auf die Abschließung einzelner Verträge gleichmäßig Anwendung finden kann [2]). Endlich aber sind als directe Widerlegung jener neuen Ansicht, und als unzweifelhafter Beleg für die Regel, daß das Abschließen eines Contracts und die Uebernahme einer obligatorischen Verbindlichkeit für sich allein schon am Orte des Abschlusses ein forum speciale begründen, die zahlreichen Gesetze zu betrachten, nach welchen einestheils die aus den Provinzen nach Rom reisenden Legaten, obwohl sie in Folge des s. g. jus domum revocandi in Betreff aller sonstigen Klagen von der Pflicht, sich in Rom als dem forum commune aller römischen Bürger auf einen Rechtsstreit einzulassen befreit waren, gleichwohl hinsichtlich aller während ihrer Legation oder in Rom selbst contrahirten Schuldverbindlichkeiten in Anspruch genommen werden können, und an dem Orte, wo sie sich verpflichtet haben, ihren Gerichtsstand haben sollen [3]), anderntheils die Senatoren, welche in den Provinzen fremde Geschäfte freiwillig übernommen haben, mit der actio negotiorum gestorum daselbst in Anspruch genommen werden dürfen [4]), indem offenbar weder in dem einen, noch dem andern Falle zu behaupten steht, daß hier eine solche theilweise

1) l. 2. C. ubi de ratiociniis (3. 21.)

2) Martin a. a. O. §. 52.

3) l. 24. pr. l. 25. l. 39. §. 1. D. de judic. (5. 1.) l. 5. §. 1. D. de pec. const. (13. 4.)

4) l. 36. §. 1. D. de judic.

Verlegung des gewerblichen und Geschäftslebens oder überhaupt der Vermögensverhältnisse, wie sie Mühlenbruch zur Begründung des fori contractus außerdem noch fordert, Platz greife, und somit nur das factum der Geschäfts-Abschließung außerhalb des Wohnorts als entscheidend über die Gerichtszuständigkeit übrig bleibt.

Geht man nun, wie es hiernach unzweifelhaft geschehen muß, von der gemeinen Ansicht aus, daß an dem locus contractus ohne Rücksicht auf den Wohnort der streitenden Theile der Regel nach ein forum speciale begründet sei, so kann darauf, daß der Beklagte, wie oben bemerkt, keine Art von kaufmännischem oder sonstigem Geschäfte in Frankfurt gehabt, sondern nur durch den Kläger einzelne Negotiationen hat besorgen lassen, überall nichts ankommen, und da andererseits das forum contractus anerkannter Weise für actiones contrariae ebenso, wie für actiones directae, ganz wie das forum administrationis eintritt, und die Behauptung des Beklagten, es handle sich nicht hier um Erfüllung, sondern um Aufhebung eines bestehenden Rechtsverhältnisses, völlig unbegründet ist, indem Kläger nur Ersatz des dem Beklagten darlehnsweise vorgeschossenen Geldes mit der actio mutui, und der in dessen Geschäften gehabten Auslagen mit der actio mandati contraria fordert, so entsteht zunächst nur

2. die Frage, ob in vorliegendem Falle Frankfurt als locus contractus zu betrachten sei, was Beklagter und Appellant in Abrede gestellt hat.

In dieser Beziehung ist nun zwar eine Differenz der Ansicht in sofern vorhanden, als einzelne Schriftsteller [1])

---

1) Hollweg Versuche über einzelne Theile der Theorie des Civil-Proz. Nr. I. S. 20 ff.

den Grund, weshalb der Ort des abgeschlossenen Vertrags die Competenz bestimme, in eine stillschweigende Prorogation der contrahirenden Theile setzen wollen, Andere [1]) davon ausgehen, daß, sofern kein anderer Ort der Erfüllung verabredet worden, diese am Orte des Abschlusses, in Folge stillschweigender Uebereinkunft, erfolgen müsse; wieder Andere die Competenz des Gerichts im locus contractus lediglich als Folge des Grundsatzes locus regit actum zu betrachten und ein durch positive Rechtsvorschrift begründetes gesetzliches forum speciale anzunehmen vorziehn. Indeß wenn gleich diese Verschiedenheit der Ansicht sich einflußreich für die Frage erweiset, in welchen Fällen ausnamsweise das forum in loco contractus nicht begründet sei, indem nach der letztern Meinung solche Ausnahmen nur auf den Grund gesetzlicher Bestimmung möglich sind, nach den andern Ansichten aber überhaupt eintreten sollen, wo aus ausdrücklichen Abreden oder dem ganzen Sachverhältniß sich ergibt, daß die Parteien auf ein anderes Gericht prorogirt haben, oder bei dem forum domicilii geblieben sind, oder aber einen andern Erfüllungsort in Aussicht stellten; so kommen doch alle verschiedenen Ansichten darin überein, daß in dubio immer der Ort, wo der Contract perfect geworden und zum völligen Abschluß gekommen ist, als locus contractus anzusehen sei, und über das forum contractus entscheide. Dies ist aber im vorliegenden Falle entschieden die freie Stadt Frankfurt. Denn sofern es sich hier um ein Mandat handelte, in Folge dessen der Kläger für den Beklagten gewisse Staatspapiere ankaufen sollte, ist es die Acceptation des Auftrags, welche das Rechtsverhältniß perficirt; und da

1) Linde im Archiv für civ. Praxis Thl. 8. S. 65 ff.

es zu diesem Behufe einer besondern ausdrücklichen Erklärung überall nicht bedarf, sondern die in Folge des Auftrags eingetretene Ausführung des Geschäfts als eine durch die That bekundete Acceptation des Mandats zu betrachten ist, auch gerade hier eine schriftliche oder mündliche Rückäußerung an den Auftragertheiler um so weniger nöthig war, als der Kläger alle derartigen Geschäfte für den Beklagten als sein bleibender Commissionair bisher besorgt hatte, und besondere Abrede über die Art der Auftragsausführung, wie über die dafür zu gewährende Entschädigung weder nach des Klägers, noch des Beklagten Behauptung getroffen worden ist, so unterliegt es keinem Zweifel, daß durch den wirklich, und zwar in Frankfurt erfolgten Ankauf der fraglichen Papiere das Mandat perfect geworden, und dem Kläger das durch die contraria actio gesicherte Recht auf Entschädigung für Mühwaltung und Vermögensaufwendungen, welches jetzt geltend gemacht wird, erworben war. Insofern aber das zwischen den streitenden Theilen stattgefundene Geschäft auch als ein Darlehn betrachtet werden könnte, indem dem Beklagten die Geldsumme, für welche, seinem Auftrage gemäß, Spanische Papiere angekauft worden, Seitens des Klägers vorgestreckt ist, wird bekanntlich das Darlehn durch Auszahlung und resp. Empfang des dargeliehenen Geldes perfect, und da es gleichgültig ist, ob die Darlehnssumme dem Empfänger selbst baar ausgezahlt, oder auf dessen Anweisung einem Creditor desselben, hier dem Verkäufer der Spanischen Papiere, eingehändigt wird, auch der Ankauf letzterer, wie die Auszahlung der dafür schuldigen valuta, nach der unbestritten gebliebenen Angabe des Klägers in Frankfurt Statt gefunden hat, so wäre auch insofern das Contractsverhältniß, aus welchem jetzt geklagt wird, lediglich in Frankfurt perfect geworden.

Es könnte also, daß dort auch das forum contractus begründet sei, nur dann bezweifelt werden, wenn für eine Ausnahme von der Regel hinreichender Grund vorhanden wäre. Dies ist nun nach der Ansicht derer, welche bloß die in den Gesetzen ausdrücklich erwähnten Ausnahmen statuiren, entschieden nicht der Fall, indem weder ein bloß auf der Durchreise geschlossener Contract, noch eine ausdrückliche Abrede über einen bestimmten Erfüllungsort vorliegt. Eben so wenig kann man behaupten, daß aus der Natur der hier abgeschlossenen Geschäfte sich folgern lasse, es sei die Erfüllung am Wohnorte des Beklagten erwartet und vorausgesetzt worden, indem es sich hier lediglich um ein Zurück- resp. Herausgeben fungibler Sachen, nämlich des Seitens des Klägers vorgeschossenen Geldes und der von ihm für den Beklagten angekauften Spanischen Papiere handelt, und bei solchen Leistungen feststeht, daß sie, sofern nicht ausdrückliche Abrede getroffen, überall geschehen können [1]). Es würde sogar, wenn man die Spanischen Papiere nicht als fungible, sondern individuelle Sachen betrachten wollte, daraus ein neues Argument für die Gerichtszuständigkeit der Frankfurter Gerichte hergeleitet werden können, indem solche Sachen von dem bonae fidei possessor, wofür der Kläger hinsichtlich jener Papiere offenbar zu halten, nur da, wo sie sich befinden, geleistet zu werden brauchen [2]), und anderseits der Mandatar die dem Mandanten gehörigen Sachen erst gegen vollständige Befriedigung wegen seiner Auslage u. s. w. zu restituiren

1) Hollweg a. a. O. S. 18 und 19.

2) Linde Abhdl aus d. deut. gem. Civ. Proz. Nr VIII. S. 118.

verbunden ist, somit auch hieraus die Erfüllung zu Frankfurt sich als nothwendig ergeben würde. Wenn man aber mit Hollweg, wogegen doch die namhaftesten Rechtslehrer sich erklärt haben, das forum contractus als ein bloßes forum prorogatum betrachten wollte, so liegt zwar kein bestimmtes Argument dafür, daß der Beklagte sich den Frankfurter Gerichten habe unterwerfen wollen, eben so wenig aber auch dafür vor, daß der Kläger nur vor den Großherzoglich Hessischen Gerichten klagbar zu werden beabsichtigt habe, und da Hollweg selbst [1]) anerkennt, daß bei Geschäften zwischen Fremden und Einheimischen eine stillschweigende Uebereinkunft, sich den Gerichten des Abschlußortes zu unterwerfen, mit Recht präsumirt werden könne, wenn nicht aus den Erklärungen der Parteien, oder aus besondern Umständen eine entgegengesetzte Absicht klar sei, so ist zu einer Abweichung von der Regel, daß in loco contractus das forum contractus eintrete, in vorliegendem Falle auch nicht entfernt ein triftiger Grund vorhanden.

Endlich aber hat Beklagter

3. für den Fall, daß Frankfurt als locus contractus zu betrachten sei, doch noch aus dem Grunde die Competenz des Frankfurter Gerichts anfechten zu können vermeint, weil theils das forum contractus zugleich persönliche Anwesenheit des Beklagten in loco contractus, oder doch voraussetze, daß einzelne Vermögensstücke desselben sich dort vorfänden, theils auch, weil ihm in seiner Qualität als Geheimer Ober-Finanzrath ein forum privilegiatum zukomme, und dies vor dem forum speciale contractus den Vorzug habe. Allein was den erstern Punkt

---

1) a. a. O. S. 20.

betrifft, so sind alle neuere Prozessualisten [1]) in Uebereinstimmung mit der Glosse der Ansicht, daß in dem Canonischen Recht [2]) nicht sowohl die Bedingungen, unter welchen das forum contractus eintrete, als nur die Voraussetzungen näher bestimmt würden, unter welchen das Gericht in loco contractus, in Folge der an sich schon begründeten Competenz gegen den ungehorsamen und die Einlassung verweigernden Beklagten zu unmittelbaren Executionsmaaßregeln berechtigt sei, und daß dadurch nur ausgesprochen würde, es könne der Richter, in dessen Sprengel ein Vertrag von einem Auswärtigen geschlossen, eine Real-Citation desselben bei etwanigem Ungehorsam bloß im Falle persönlicher Gegenwart, eine missio in bona dagegen oder venditio bonorum auch ohnedies verfügen, und müsse nur, soweit diese bona in fremdem Gerichtssprengel sich befänden, um die Execution des darauf bezüglichen Decrets den auswärtigen Richter angehen, während er für die in seinem Gerichts-Bezirk belegenen Sachen sofort selbst die immissio oder venditio könne vollstrecken lassen. Wollte man aber auch, der Ansicht der älteren Rechtslehrer gemäß, das forum contractus nur als bedingterweise eintretend erachten, so würde doch im vorliegenden Falle die Competenz des Frankfurter Gerichts als begründet um deshalb angenommen werden müssen, weil Kläger ausdrücklich, und zwar gerade um die Competenz des angegangenen Gerichts darzuthun, darauf sich berufen hat, daß er die für den Beklagten erkauften Spanischen Papiere

---

1) Martin a. a. O. §. 52.
Linde a. a. O. §. 91.
Bayer a. a. O. S. 69. Nr. 3.

2) c. 1. §. 3. de foro comp. in VIto. (2. 2.)

noch in Händen habe. Allerdings hat Beklagter das Dasein dieses Executionsobjects nicht zugestanden, allein da er nach den oben sub II. A. gemachten Ausführungen, der opponirten Einreden ungeachtet, wenigstens soweit auf Klage und Anlagen sich einzulassen verbunden war, als die darin enthaltenen Thatsachen zur Begründung nicht sowohl des Hauptanspruchs, als der Competenz des angegangenen Gerichts dienen sollen, so ist in der sent. a qua, in Folge des gestellten Präjudizes, mit vollem Recht angenommen worden, es sei jene Thatsache, daß in den Händen des Klägers und somit in dem Sprengel des Gerichts in jenen Papieren ein Executionsobject sich vorfinde, als zugestanden zu betrachten.

So viel aber die Berufung auf den privilegirten Gerichtsstand betrifft, so enthält die zum Beweise eines Vorzugs desselben vor dem forum contraclus in Bezug genommene Digestenstelle [1]) gerade umgekehrt den Beweis, daß, solcher Gerichtsstands-Privilegien ungeachtet, man sich in loco contractus auf die Klage einlassen müsse, und es wird dies durch die auf das forum der Gesandten bezüglichen oben allegirten Gesetzesstellen, so wie durch die ausdrückliche Bestimmung des Canonischen Rechts [2]) dergestalt bestätigt, daß es gar nicht einmal einer Erwägung der Frage bedarf, ob Jemand auch auf den in seinem Vaterlande ihm gebührenden privilegirten Gerichtsstand im Auslande sich berufen könne, vielmehr jener Einwand als völlig unbegründet erachtet werden muß, und demgemäß mit vollem Rechte in der sent. a qua als durchaus verwerflich bezeichnet worden ist [3]). Allem diesem nach kann

1) l. 36. §. 1. D. de judic. (5. 1.)

2) c. 1. de privil. in VIto (5. 7.)

3) Vgl. Bayer a. a. O. S. 32.

es daher keinem irgend begründeten Bedenken unterliegen, daß Beklagter auf die gegen ihn vor dem Frankfurter Gerichte erhobene Klage sich einzulassen, und die Competenz dieses Gerichts anzuerkennen rechtlich verbunden ist, und haben Wir somit, da die Verpflichtung des Beklagten, die durch seine unbegründete Einrede, wie die durch gegenwärtige gleich unbegründete Appellation erwachsenen Kosten allein zu tragen ganz unzweifelhaft ist, die sententia contra quam lediglich, so wie im vorstehenden Urtheile geschehen, zu bestätigen Uns bewogen gefunden.

VIII.[1]

Welches Recht hat der Eigenthümer eines Hauses an dem vor solchem befindlichen Trottoir? Eigenthum? Niesbrauch? Interdictum ne quid in loco publico fiat; auch restitutorisch.

A. Geschichtserzählung.

Am Markt zu Hildesheim liegen das Haus des Justizraths L. und das sogenannte R.sche Stiftshaus neben einander. Vor diesem befand sich eine Treppenanlage in der Weise, daß von einem horizontalen Vorsprunge östlich und westlich zwei Treppen herabliefen. Im Jahre 1839 und 1840 ließen die Verwalter der R.schen Stiftung die Treppe wegbrechen und eine neue einfache aufführen, welche die gerade Linie von der Grenze des L.schen Hauses nach dem Fahrweg durchschnitt, und auf das vor diesem Hause befindliche Trottoir nicht nur auslief, sondern auch theilweise auf dasselbe gelegt war. Nach Vollendung der neuen

1) Verändert. Vergl. Bobrik, über die rechtliche Natur des s. g. Bürgersteiges (Trottoir), mit besonderer Rücksicht auf Bauwerke, welche von Privaten auf dem Bürgersteige errichtet werden: in dessen und Jacobsons Zeitschr. f. Theorie und Praxis des Preuß. Rechts. Marienwerder 1834. B. 1. H. 1. Nr. 6. S. 189 fgg.

Treppe suchte der Justizrath L. die aus der Anlage für ihn hervorgehenden Nachtheile in Güte auszugleichen, und erhob, da solches mislang, im Juli 1842 Klage beim Stadtgericht zu Hildesheim, in welcher er, gestützt auf vorstehende Thatsachen, und mit der Erklärung, „daß er seinen Steinweg, sein Straßenpflaster, als solches, in gerader Richtung von der Grenze seines Hauses an in Anspruch nehme," von den Verwaltern der Stiftung die Wegnahme der Treppe von seinem Steinweg, ref. exp., verlangt.

Die Beklagten gestehen die Anlage der neuen Treppe zu, leugnen jedoch das Eigenthum des Klägers am Trottoir, welches res publica sei. Ihre Berechtigung zur Anlage folge:

1. daraus, daß der Magistrat, dem Zeichnung und Riß vorgelegen, seine Genehmigung ertheilt habe:

2. daraus, daß dasselbe, auf die gleichen Vorlagen, von der Armenverwaltungscommission, und mithin auch von deren Vorstand, dem Kläger, geschehen sei:

3. daraus, daß die frühere Treppe seit unvordenklichen Zeiten und noch weiter als die jetzige, auf dem vor dem gegnerischen Hause befindlichen Trottoir gelegen habe.

Der Kläger dagegen deducirt sein Eigenthum am Trottoir vor seinem Hause aus dem römischen und dem deutschen Rechte, beruft sich darauf, daß zufolge des in Hildesheim von dem ehemaligen Bauamt geführten Buchs diese Ansicht in einem Rechtsstreit anerkannt sei, sowie auf sein Eigenthum am Straßenpflaster, nimmt einen Niesbrauch am Trottoir in Anspruch, ferner das interdictum ne quid in loco publico fiat, und sogar das quod vi aut clam. Die Genehmigung des Magistrats hält Kläger für irrelevant, der Beschluß der Armenverwaltungscommission binde ihn nicht als Privatmann, die frühere Treppe habe an einer andern Stelle auf dem klägerischen Straßenpflaster gelegen als die neue.

Der Beklagte protestirt dagegen, daß der aus dem Eigenthum erhobenen Klage ein anderes Fundament untergeschoben werde, und sucht die vom Gegner geltend gemachten rechtlichen Gesichtspunkte zu widerlegen.

Das Stadtgericht zu Hildesheim verwarf am 25sten Januar 1843 die erhobene Negatorien-Klage cum expensis, da das Trottoir res publica sei, etwa entgegenstehende römische Bestimmungen, als auf öffentliche Einrichtungen sich beziehend, in Deutschland keine Gesetzeskraft erlangt hätten, das Pflastern kein Eigenthum am Straßenpflaster gebe, und die sonstigen in der Replikenschrift aufgestellten rechtlichen Gesichtspunkte als libelli mutationes aufgefaßt werden müßten.

In der Appellationsinstanz ward dieses Urtheil abgeändert. Die Justizcanzlei zu Hildesheim erkannte unterm 6ten Mai 1843:

Da jeder Eigenthümer eines Hauses, wenn er auch nicht eo ipso als Eigenthümer des unmittelbar vor demselben befindlichen Straßentheils erscheint, doch stets zur Benutzung des letztern, soweit dadurch der öffentliche Verkehr nicht beeinträchtigt wird, berechtigt, und wegen dieser Berechtigung auf Hinwegnahme der von einem Dritten vorgerichteten, diese Benutzung aufhebenden oder störenden Anlagen zu klagen, gemeinrechtlich befugt ist,

eine solche Klage auch nach den Erläuterungen in der Replik als angestellt zu betrachten ist, indem der Umstand, daß Kläger den streitigen Platz als „seinen Steinweg" rc. bezeichnet, nicht ausschließlich auf eine Eigenthumsklage hinweiset,

derselben auch in substrato die Einrede der erwerbenden Verjährung nicht entgegensteht, weil beklagter Seits nicht behauptet ist, daß oder inwieweit die früher vor dem R.schen Hause befindliche Treppenanlage den Kläger von Benutzung ebenderselben Stelle vor seinem Hause, welche jetzt von der fraglichen Treppe bedeckt ist, ausgeschlossen habe,

so wird Beklagter verurtheilt, die fragliche Treppe, soweit sie jetzt den Platz vor des Klägers Hause bedeckt, hinwegzuräumen, und die Prozeßkosten zu erstatten.

Dieses Erkenntniß ward in der Leuterungsinstanz cum expensis bestätigt. Die Gründe enthalten folgende

B. Rechtliche Beurtheilung.

1. Die Klage auf Wegnahme der Treppe läßt sich als negatoria actio nicht aufrecht erhalten. Denn dem Eigenthümer eines Hauses, als solchem, steht nicht das Eigenthum an dem vor dem Hause befindlichen Trottoir zu. Zwar entsprechen diesem die semitae und margines der Römer. Daß sie aber als Theile der Straße und nicht als Accessorien der Häuser angesehen wurden, ergiebt sich theils daraus, daß ihre Instandhaltung, das Pflastern, von den dazu nicht etwa nur berechtigten sondern ausdrücklich verpflichteten Anliegern unter Aufsicht der Aedilen, denen die Straßenpolizei oblag, zu beschaffen war, theils aus dem Verbot von Wetterdächern und Balkonen, welches nicht gerechtfertigt erscheinen würde, wenn das Trottoir und mithin auch die über demselben befindliche Luftsäule Eigenthum der Anlieger gewesen wäre. Auch läßt sich dies Eigenthum am Trottoir nicht daraus ableiten, daß die Fundamente und Keller der Häuser bisweilen bis unter dasselbe vorspringen, da der Satz, daß der Eigenthümer

des Grund und Bodens, Eigenthümer des darüber und darunter befindlichen Raumes sei, sich nicht umkehren läßt, indem sonst der Eigenthümer eines unter die Straße gebauten Kellers oder eines in dieselbe hineinragenden Erkers das Eigenthum eines öffentlichen Weges gewinnen würde. Ebensowenig beweist das Recht, Budenplätze auf dem Trottoir zu vermiethen, für das Eigenthum an solchem, da diese Befugniß aus dem Gesichtspunkt des geschmälerten Gebrauchsrechts der unmittelbar Betheiligten sich erklärt.

2. Für das Eigenthum der Anlieger am Trottoir spricht keine positive Vorschrift des gemeinen deutschen Rechts. Die Trottoirs wurden durchschnittlich erst abgesondert, nachdem der Gemeineverband bereits entstanden und die Straßen angelegt waren, nicht aber umgekehrt so, daß zunächst die Häuser mit den Trottoirs erbaut, und später zwischen ihnen die Straßen eingerichtet wären. Durch die Absonderung der Trottoirs ward nur die bequeme Benutzung der Straßen für Fußgänger bezweckt, und keineswegs dieser Theil der Straße dem privativen Eigenthum der Anlieger überwiesen. Auch dadurch, daß an manchen Orten ein Theil des Trottoirs durch Säulen, Staketen und Ketten von dem übrigen getrennt ist, wird weder Eigenthum, noch ein Titel für die Ersitzung gewonnen, welche an einer res publica undenkbar ist.

3. Die Behauptung, daß in dem zu Hildesheim vom ehemaligen Bauamte geführten Buche, in welches die Bausachen betreffenden Prozesse eingetragen seien, das Eigenthum der Hauseigenthümer am Trottoir mehrfach anerkannt und auch in einem Rechtstreit ausgesprochen sei, kann weder ihrer factischen Begründung noch ihrer rechtlichen Bedeutung nach geprüft werden.

4. Wenn Kläger sein Verbietungsrecht wider die Anlage der Gegner auf sein Eigenthum an den das Straßenpflaster bildenden Steinen basiren will, so übersieht er, daß durch das Pflastern das Eigenthum an dem Grund und Boden, welchen die Steine bedecken, nicht erworben wird, sondern vielmehr diese durch die Verwendung res publica werden.

5. Die Auffassung des Rechts am Trottoir als Nießbrauch mit dem Recht, den Platz zu vermiethen, zur Hinstellung von Wagen zu benutzen u. s. w., und der Verpflichtung zu fegen, zu pflastern u. s. w. widerspricht den Rechtsgrundsätzen, daß Servituten an res publicae überhaupt, und ein jedem Hauseigenthümer mithin als Prädialservitut zustehender Nießbrauch unmöglich ist.

6. Ein besonderes Recht irgend einer Art am Trottoir steht also dem Hauseigenthümer nicht zu. Doch genießt er einen Schutz gegen jede Störung des allgemeinen Gebrauchsrechts. Die Erhaltung desselben ist zwar zunächst Aufgabe der Behörden [1]). Das römische Recht eröffnet aber daneben in einer Mehrzahl von Fällen dem Beeinträchtigten, oder jedem Gliede des Gemeinwesens den Weg der Civilklage. Es fehlt an einem haltbaren Grund, diese Rechtsmittel heutzutage für unpraktisch zu erklären. Der Umstand, daß sie mit dem öffentlichen Recht in Verbindung standen, ist nicht durchgreifend. Die practischen Schriftsteller seit der Reception des römischen Rechts beweisen die Anwendbarkeit. Daß aber das offizielle Einschreiten heutzutage der gewöhnliche Weg ist, und eine stets bereite Amtsthätigkeit der öffentlichen Behörden sich bemüht, allen derartigen Uebelständen abzuhelfen, Alles

1) Dig. 43. 10.

dieses vermag zwar das Feld der Civilklagen factisch zu beschränken, nicht aber dieselben aufzuheben. Unter den im Titel ne quid in loco publico vel itinere fiat. 13, 8. erwähnten Rechtsmitteln bezwecken die in l. 2. §. 20. und 34. genannten Popularinterdicte Abhülfe wider Verschlimmerung der Wege und Erschwerung ihrer Benutzung. Sie sind gerichtet auf Unterlassung, wie auf Wiederherstellung des vorigen Zustandes. Allein sie beziehen sich nur auf Land-, nicht auf Straßen in der Stadt [1]). Dagegen erscheint das Interdict, welches dem Betheiligten gegeben ist, der sich durch die Vorrichtungen eines Andern an einem locus publicus beeinträchtigt findet [2]), geeignet, im vorliegenden Fall Abhülfe zu gewähren. Da der Ausdruck locus publicus sich auf areae, insulae, agri, viae und itinera publica bezieht [3]), so versteht es sich von selbst, daß das Trottoir an einem Marktplatz in diese Kategorie gehört. Daß die stattgehabte Veränderung der Treppenanlage den Kläger beeinträchtigt, insofern er z. B. eine Verlegung seiner Hausthür beabsichtigt, ist außer Zweifel: zur Anstellung des Interdicts berechtigt aber ein damnum qualequale [4]). Bedenken erregen könnte nur der Umstand, daß Ulpian und Julian mehrfach das Interdict nur für prohibitorisch erklären [5]), und diese Ansicht sogar aus den Worten des Edicts nach der Florentinischen Lesart interdictum non dabo hervorgeht. Da sich nun Kläger erst nach Vollendung der Treppe beschwert hat, so würde er

1) l. 2. §. 24.

2) l. 2. pr.

3) l. 2. §. 3.

4) l. 2. §. 11. 12.

5) l. 2. §. 1. 17. 19. l. 7.

als Privatmann keinen Schutz mehr genießen, und nur noch die Obrigkeit in dem Fall einer Beeinträchtigung des öffentlichen Gebrauchsrechts einzuschreiten befugt sein[1]). Die ratio dieser Bestimmung wird [2]) dahin gegeben, ne urbs ruinis deformetur. Diese ratio ist aber nicht als ein außer dem Rechtssatz befindlicher Nützlichkeitsgrund, welcher dessen Einführung motivirt hat, aufzufassen, sondern als das rechtliche Princip des Satzes selbst, als der Gedanke, welcher den Prätor beim Erlaß seiner Bestimmung leitete. Fällt diese letztgedachte ratio hinweg, so fällt damit auch die Rechtsvorschrift, mit andern Worten, wenn urbs ruinis non deformatur, so liegt kein Grund vor, das Interdict nicht auch restitutorisch zur Anwendung zu bringen. Daß die Römer diesen Gesichtspunkt practisch befolgten, ergiebt sich daraus, daß sie in einem Fall, wo Jemand auf einem Balcon eine Marquise angebracht, und dadurch seinem Nachbar das Licht benommen hatte, wo es sich also um ein vollendetes Werk handelte, ein utile interdictum, also ein restitutorium, gestatteten [3]). So hat denn auch die Glosse zu l. 2. pr. bei der Erörterung, ob die litera Pisana oder vulgata den Vorzug verdiene, sich für die Zulassung eines restitutorischen Interdicts neben dem prohibitorischen erklärt, und ihr sind viele practische Schriftsteller gefolgt. Da nun die Stadt Hildesheim offenbar nicht ruinis deformatur, wenn die Beklagten die Treppe abbrechen und den frühern Zustand herstellen, so steht der rechtlichen und factischen Anwendung des Interdicts an sich ein Hinderniß nicht entgegen. Die Behaup-

---

1) l. 2. §. 5. 17.

2) l. 2. §. 17. l. 7.

3) l. 2. §. 6.

tung des Klägers in der Rechtsmittelinstanz, daß er während des Treppenbaues seiner Gesundheit wegen neun Monate abwesend gewesen sei, bedarf demnach keiner weiteren Prüfung.

7. Ausgeschlossen wird das Interdict nach den Worten des Edicts durch obrigkeitliche Erlaubniß [1]). Die Beklagten haben dieselbe behauptet, und unbestritten ist in dieser Beziehung folgendes: Als Beklagte den Neubau der Treppe beabsichtigten, wandten sie sich, unter Vorlegung von Zeichnung und Riß, an die Armenverwaltungscommission, mit der Bitte um Genehmigung. Diese erfolgte, und die Commission suchte nunmehr unter der gleichen Vorlage die Zustimmung des Magistrats nach, welche ertheilt ward. Jede Erlaubniß einer Anlage auf öffentlichem Grund und Boden pflegt mit der ausdrücklichen oder stillschweigenden Clausel, daß Andern daraus kein Nachtheil erwachse, ertheilt zu werden [2]). Soll die Anlage unter Beeinträchtigung eines Andern geschehen, so bedarf es dazu einer speciellen Autorisation [3]). Eine solche kann jedoch in dem Umstande allein, daß Zeichnung und Riß dem Magistrat vorgelegen haben, nicht gefunden werden, da sich aus solchen die für den Kläger aus dem Bau möglicherweise entspringenden Nachtheile schwerlich allseitig ersehen ließen. Jedenfalls aber ist der Magistrat nur als oberaufsehende Behörde über milde Stiftungen um seine Erlaubniß gebeten, und nur in dieser Eigenschaft dieselbe von ihm ertheilt. Um die klägerischen Rechte zu beeinträchtigen, bedurfte es jedoch einer Concession von Seiten

1) l. 2. pr. §. 10.
2) l. 2. §. 10.
3) l. 2. §. 16.

der Behörde, welcher die Aufsicht über die Straßen zusteht: eine solche Concession ist aber von Beklagten überall nicht behauptet.

8. Auch der von diesen entgegengesetzte Einwand des Verzichtes ist unbegründet. Gestützt wird derselbe darauf, daß Kläger als Vorstand der Armenverwaltungscommission die Zeichnung und den Riß der Treppe genehmigt habe. Allein weder vermag der Collegialbeschluß der Commission den Privatrechten der Mitglieder, aus denen sie zusammengesetzt ist, zu derogiren, noch könnten deren vota, welche nur insofern Bedeutung haben, als der Collegialbeschluß künstlich durch sie gebildet wird, von Dritten irgend wie benutzt werden, um Rechte daraus herzuleiten: jedenfalls würde eine Zustimmung, zu welcher der Kläger als Vorstand der Armencommission sich für verpflichtet hielt, ihm in seiner Qualität als Hauseigenthümer überall nicht präjudiciren. Hienach bedürfen die Fragen, welches votum der Kläger abgegeben, und ob Zeichnung und Riß der Treppe ihn über die für sein Haus aus der Anlage hervorgehenden Nachtheile hinlänglich aufklären mußten, keiner weiteren Auseinandersetzung.

9. Eine libelli mutatio liegt nicht vor. Daß Kläger die negatoria actio angestellt habe, läßt sich aus der Fassung des Libells nicht ableiten. Insbesondere geht dies nicht aus den Worten „mein Steinweg, das Straßenpflaster, welches ich als solches in gerader Richtung von der Gränze meines Hauses in Anspruch nehme," hervor, da diese ebensowohl sich auf das ihm eigenthümlich zubehörige, wie auf das vor seinem Hause befindliche Trottoir, resp. Straßenpflaster beziehen können. Die Parteien sind nicht verpflichtet, den Rechtsgrund ihrer Ansprüche ausdrücklich anzugeben. Der Richter hat die Pflicht, un-

ter Berücksichtigung der Thatsachen und der Bitte, den einer Partei günstigsten Rechtssatz anzuwenden. Daß der Kläger in der Replikenschrift eine Mehrzahl von rechtlichen Gesichtspunkten, welche von dem Richter möglicherweise zu berücksichtigen seien, hervorhebt, kann als unzulässig nicht betrachtet werden. Genug, daß unter ihnen ein Gesichtspunkt ist, unter welchen sich die in der Klage angeführten Thatsachen, wie gezeigt, mit Erfolg subsumiren lassen.

IX.

1. Die Berechnung der Appellationssumme bei der negatoria actio ist von dem Werthe des beeinträchtigten Eigenthums nicht abhängig. §. 145. der Prozeßordnung für die Untergerichte des Königreichs Hannover. Präjudiz des Kgl. O.-A.-Gerichts vom 29sten Juli 1845.

2. Die Androhung der Strafe des Ausschlusses ist bei Beweisfristen nicht erforderlich. §. 65. der Prozeßordnung.

3. In den Voracten enthaltene Beweismittel, deren Werth im Beweisinterlocut nicht ausdrücklich aberkannt wurde, können zur Führung des in demselben normirten Beweises noch benutzt werden.

4. Bei polizeilichen Protocollen müssen die für gerichtliche gegebenen Vorschriften beobachtet sein, wenn sie in einem Civil-Rechtsstreit die Beweiskraft einer öffentlichen Urkunde genießen sollen. §. 22. der Prozeßordnung.

A. Geschichtserzählung.

Der Fabrikant Ey zu Clausthal ist Eigenthümer eines Gartens, welcher gegen Norden an eine dem Fuhrherrn Löwe, daselbst, zubehörige Wiese gränzt. Im Frühjahr 1843 legte jener in dem nördlichen Zaun seines Gartens eine Pforte an, und dieser erwirkte wider ihn unterm $\frac{28}{29}$. April ein polizeiliches Mandat folgenden Inhalts:

Vom Fuhrherrn Friedrich Löwe ist — mehrfach Beschwerde darüber geführt:

> daß von dem ꝛc. Ey in dem bis daher mit keiner Pforte versehenen nördlichen Zaun seines Gartens, welcher unmittelbar an die beregte Wiese gränzt, eine Pforte zu diesem Frühjahr angelegt sei, welche auch mannigfach benutzt werde,

und darauf angetragen, daß solche — weggeschafft und der Zaun, wie früher, hergestellt werde.

Auf mündliche Rücksprache — hat — Ey, daß solche Pforte von ihm angelegt sei, — eingeräumt, — auch gelobt,

> „daß selbige sofort fest zugenagelt werden solle."

Wenn nun — von — Löwe solche Beschwerde wiederholt und behauptet ist, daß die Pforte noch nicht vernagelt sei, so wird — dem ꝛc. Ey hiemit polizeilich aufgegeben:

> binnen 24 Stunden bei 5 Thlr. Strafe der ihm gewordenen Auflage und von ihm gethanen Versprechen nachzukommen, und solche Pforte fest zu vernageln, so daß sie, gleich dem übrigen vorhandenen Zaun, den Ausweg verhindert.

Clausthal den 28sten April 1843.

R. und R.

R. Kr.

Ey provocirte nun unterm 1sten Mai 1843 bei Richter und Rath zu Clausthal den Löwe zur Geltendmachung der berühmten Befugniß, dem Provocanten das Haben der Pforte und deren Gebrauch während der Zeit der unverbotenen Wiesen (Grumt=Erndte bis Mai), oder, nach seiner replicirenden Erklärung, nur das Halten der Pforte zu verbieten. Die Provocation wurde jedoch am 3ten September und 13ten November 1843 in erster und zweiter Instanz verworfen, weil sie nach §. 159. der Prozeßordnung eine subsidiäre Natur habe, und dem Ey, da er eine Verletzung der an dem gegnerischen Grundstück zustehenden Servitut behaupte, die confessoria, falls er aber wegen partieller Verletzung seiner Eigenthumsrechte klage, jedenfalls die negatoria actio zustehe.

Ey stellt demnach am 18ten Januar 1844, unter allgemeiner Bezugnahme auf die Provocationsacten, welche dem neuen Rechtsstreit gebetenermaßen beigefügt sind, wider Löwe die negatoria actio an, und bittet diesen zu verurtheilen:

> daß er ihn nicht länger im Eigenthum und im Besitze der gedachten Anlage einer Zaunpforte störe und sich aller Eingriffe in das klägerische Eigenthum am Zaun enthalte, refusis expensis.

Beklagter leugnet indessen dem Kläger das Halten einer Pforte je untersagt zu haben, er gesteht ihm dies vielmehr unbedingt zu: nur gebrauchen solle Kläger dieselbe nicht, um über die Wiese zu gehen. Da nun die negatoria allein auf das Halten der Pforte basirt sei, so müsse dieselbe abgewiesen werden.

Nach verhandelten Acten erging am 22sten Mai 1844 der Bescheid, Kläger werde, unter Verurtheilung in die

Prozeßkosten, abgewiesen, falls er nicht binnen 14 Tagen erwiese:

daß Beklagter ihm das bloße Haben oder Halten einer Gartenpforte in seinem, des Klägers, Zaun bestritten, oder ihn in deren Anlage gestört.

Der Kläger trat diesen Beweis am 3ten Juni 1844 an:

1. durch das Polizeimandat vom 28sten April 1843;

2. durch folgende Deduction: Beklagter habe die Pforte zu einer Zeit verboten, wo die Benutzung überall nicht in Frage gestellt werden könne, da notorischermaßen Jeder das Recht habe, vor dem 10ten Mai die Wiesen zu betreten, so viel er wolle; mithin dürfe das Verbot nur auf das Vorhandensein der Pforte bezogen werden; und schlug nachträglich am 25sten Juni

3. den Richter Rambohr zum Zeugen über das Beweisthema vor.

Der Beklagte dagegen sucht

ad 1. die Irrelevanz des Polizeimandats auszuführen; leugnet

ad 2. daß er dem Kläger das Recht zugestehe, die Wiese zu irgend einer Zeit nach Belieben zu betreten; und hält

ad 3. den Beweisnachtrag wegen §. 65. der Prozeßordnung für unzulässig.

Durch Erkenntniß vom 29sten Juli und 9ten August 1844 wurde der Beweisnachtrag wegen §. 65. der Prozeßordnung als verspätet, die Beweisantretung aber, da über das Mandat vom 28sten April 1843 bereits in dem rechtskräftigen Beweisinterlocut entschieden sei, verworfen, und dem Kläger nachgelassen, sich binnen 14 Tagen, bei Strafe des Verlusts, darüber zu erklären, ob er seinem Gegner über den Beweissatz den Eid zuschieben wolle.

Der Beklagte wandte wider die nachgelassene Eidesdelation am 16ten August das Rechtsmittel der Supplication ein, worüber, da Kläger dagegen bereits am 15ten August das der Appellation ergriffen hatte, die Entscheidung ausgesetzt ward. Die Appellation ist am 11ten October bei Königlicher Justizcanzlei eingeführt, und die einzige Beschwerde, darüber,

> daß der dem Kläger durch das Decret vom 22sten Mai 1844 auferlegte Beweis für nicht geführt erkannt sei

zugleich gerechtfertigt.

Die Königliche Justizcanzlei verwarf jedoch, nach geforderten und eingegangenen Acten erster Instanz am $\frac{4}{16}$. December 1844 die Appellation, unter Verurtheilung in die Kosten der Instanz, „weil, wenn auch das den frühern Acten einverleibte Mandat vom 28sten April 1843 noch Berücksichtigung in der Beweisinstanz finden möchte, doch aus dem Inhalte desselben für die Intention des Klägers nichts gefolgert werden könne, da augenscheinlich der jetzige Beklagte derzeit wegen des Haltens und des Gebrauchs der fraglichen Pforte Beschwerde geführt habe."

Gegen diesen Bescheid legte der Kläger am 26sten December 1844 Rechtsmittel im Allgemeinen ein, wählte am 14ten Januar 1845 das der Supplication, bat um Frist zur Rechtfertigung den 6ten Februar, erhielt dieselbe, und rechtfertigte seine wider den Gesammtinhalt des Canzlei-Bescheides gerichteten Beschwerden, mit der Bitte um Acten-Versendung am 8ten Februar 1844, worauf, nach eingegangener Vernehmlassung, die Acten zum Spruch anhero versandt wurden.

B. Rechtliche Beurtheilung.

I. Formalien.

1. Die Fristen zur Einführung der Appellation, so wie zu deren und der Supplication Einwendung und Rechtfertigung sind gewahrt [1]).

2. Die Zulässigkeit der Appellation und der gegenwärtigen Supplication hat Beklagter deshalb in Abrede genommen, weil bei Berechnung der Appellationssumme nur der Betrag der Haupt-, nicht der der Nebenforderungen in Betracht komme [2]), und eine nur die Prozeßkosten zum Gegenstand habende Appellation, insofern nicht dieselben den Hauptgegenstand der Klage bilden, unzulässig sei [3]); im vorliegenden Fall aber, nachdem Beklagter in der Vernehmlassung und mehrfach später erklärt habe, daß er dem Gegner das bloße Halten einer Pforte überall nicht bestreite, in Berücksichtigung, daß sonstige Nebenansprüche vom Kläger nicht geltend gemacht seien, es sich nur darum handle, ob Beklagter durch eine frühere, seiner jetzigen Erklärung zuwider laufende, Handlung Anlaß zur Klaganstellung gegeben habe und deshalb verbunden sei, deren Kosten zu tragen.

Hätte nun die beklagtische Erklärung in der That den ursprünglichen Gegenstand der Klage verwandelt, so würde die Verbindlichkeit zur Kostentragung jetzt Hauptgegenstand der Klage sein, und da der actenmäßige Be-

---

1) §. 148. der Prozeßordnuug. §. 3. Tit. 2. §. 1. Tit. 30. der Calenbergischen Canzleiordnung.

2) §. 145. der Prozeßordnung.

3) Präjudiz des Königl. O.-A.-G. vom 29sten Juli 1843 G.-S. A. 1. S. 231.

trag der Kosten die Appellationssumme übersteigt, so wäre nach eigner Ansicht des Beklagten der Einwand unbegründet. Die Annahme jener Verwandlung ist jedoch unstatthaft. Das „rechtskräftige" Beweisinterlocut hat nämlich nicht sich dahin ausgesprochen: „da Beklagter dem Kläger das Halten der Pforte zugesteht, so hat es in der Hauptsache hiebei das Bewenden. Würde dagegen, die früheren Störungen anlangend, der Kläger beweisen, daß u. s. w., so erginge der Kosten halber weitere rechtliche Verfügung." Sondern es hat den ganzen klägerischen Anspruch an jenen Beweis geknüpft, und mithin bildet der Werth des angemaßten Rechts noch jetzt den Inhalt der Beschwerde. Jener Werth läßt aber keine bestimmte Schätzung zu. Der des beeinträchtigten Eigenthums kann nicht zum alleinigen Maaßstab genommen werden: daneben und vornämlich kommt das Interesse, welches Kläger an dem Halten der Pforte, z. B. für den Fall der Feuersgefahr zu haben behauptet, in Betracht, was der Natur der Sache nach sich weder bestimmt taxiren läßt, noch von offenbarer Geringfügigkeit ist. Auf das Vorhandensein der Appellationssumme kommt es also nicht an [1]).

II. Materialien.

1. Bevor das Resultat der klägerischen Beweisführung von Neuem geprüft wird, ist die Frage zu erörtern, ob eine derartige Prüfung gegenwärtig stattnehmig sei. Die Beweisantretung ist nämlich nicht „bei Strafe des Ausschlusses" aufgegeben, und das Erkenntniß, welches die nach Ablauf der Beweisfrist erfolgte Denomination des Zeugen Rambohr verwarf, scheint gegen die Vorschrift zu

1) §. 145. Abs. 1. z. E. der Prozeßordnung.

verstoßen, daß der Richter nur die „angedrohten" Rechtsnachtheile realisiren dürfe [1]). Allein eine derartige Androhung durch den Richter ist bei der Beweisfrist nicht nothwendig, indem dieselbe in dem Maaße für peremtorisch erklärt ist, daß die unterbliebene Antretung des Beweises innerhalb derselben auch ohne vorgängige Ungehorsamsbeschuldigung von Seiten des Gegners den Verlust des Beweises zur Folge haben soll [2]). Jedenfalls aber würde die nach vorgängigem Gehör des Gegners erfolgte Verwerfung des Zeugen von richterlichen Amtswegen nicht aufgehoben werden können, da Erkenntnisse, worin gegen deutliche Gesetze entschieden ist, durch ein ordentliches Rechtsmittel angefochten werden müssen, wenn eine Partei sich dabei nicht beruhigen will [3]), und der Kläger sich über die Verwerfung nicht beschwert hat.

2. Die Schlußfolgerung des Klägers, daß das Polizeimandat nur auf das Halten der Pforte bezogen werden könne, da das Recht zu deren Benutzung vor Maimonat nicht zu bezweifeln sei, indem zu jener Zeit Jeder die Befugniß habe, nach Belieben über die Wiesen zu gehen, ist dadurch beseitigt, daß Beklagter deren Prämisse in Abrede nimmt, und seinem Gegner die Befugniß, zu irgend einer Zeit die Wiesen zu betreten, bestreitet.

3. Es bleibt daher nur übrig, die Beweiskraft des Polizeimandats zu prüfen.

a. In formeller Beziehung läßt sich dagegen einwenden:

1) Es sei dessen Irrelevanz bereits rechtskräftig entschieden. Dieser Grund des ersten Erkenntnisses ist in dem Canzleibescheide mit Recht verworfen worden. Denn

1) §. 31. 2) §. 65. 3) §. 158. z. E.

das Beweisinterlocut berührt in seinen dispositiven Worten das fragliche Mandat überall nicht, und, selbst wenn in den Gründen des Interlocuts dessen ausdrücklich gedacht wäre, was nicht geschehen ist, indem es darin nur heißt, daß auch die Provocationsacten, zu denen das Mandat gehört, der Entscheidung zum Grunde gelegt seien, so beschreitet doch, nach bekannten Rechtsgrundsätzen, nur der Inhalt der Urtheile und nicht deren Gründe die Rechtskraft.

2) Es sei ein referens absque relato. Dieser Einwand ist zwar insofern ohne Bedeutung, als der Inhalt des angeblichen beklagtischen Antrags dem Mandate einverleibt ist. Auch kann es nicht bezweifelt werden, daß ein vor der Polizei formirter Antrag an sich Beweismittel in einem Civilprozeßverfahren sein könne. Soll derselbe indessen die Bedeutung einer öffentlichen Urkunde haben, so ist erforderlich, daß dabei die über die Beweiskraft der Protocolle normirenden Rechtsgrundsätze befolgt wurden. Zu diesen gehört die Bemerkung, daß das Protocoll der Partei vorgelesen sei [1]). An einem Protocoll, welches diesen Erfordernissen entspräche, fehlt es aber im vorliegenden Falle. Das Mandat erwähnt nur der Beschwerdeführung und des Antrags des Beklagten, sagt aber nicht, daß darüber ein Protocoll in gehöriger Form aufgenommen worden sei, und hat daher als solches keine beweisende Kraft. Wollte man indessen dieselbe ihm auch zuschreiben, so käme doch

b. in materieller Beziehung in Betracht:

1) daß die in dem Mandat angeblich enthaltene Störung des Eigenthums, dessen dispositiven Worten zu-

---

1) §. 27.

folge, ebensowohl in der auf Antrag des Beklagten erfolgten Auflage, wie in dem Versprechen des Klägers ihren Grund hat. Nimmt derselbe nun den Inhalt des Mandats für sich in Anspruch, so muß er ihn auch gegen sich gelten lassen, und hat keinen Grund, sich über einen Befehl zu beschweren, der ihn zur Erfüllung eines von ihm gethanen Versprechens anhält.

2) Daß die Beschwerde des Beklagten bei der Polizei, den klaren Worten des Mandats zufolge, nicht in dem bloßen Haben der Pforte, sondern in deren Anlage und Benutzung bestand, und mithin der Inhalt des Mandats in dem Puncte, auf welchen es ankommt, dem rechtskräftig feststehenden Beweisthema geradezu widerspricht, aus welchem der Kläger in seiner Supplicationsrechtfertigung das Wort „bloße" auf dem Wege der Erklärung zu beseitigen vergebens bemüht ist.

Das vorige Erkenntniß war demnach zu bestätigen, und die Verurtheilung des Supplicanten in die Kosten der Instanz, mit Einschluß der Actenverschickungs-Gebühr, bedarf keiner weiteren Rechtfertigung.

X. [1])

In das Lehen erben auch in Mecklenburg nur die Söhne, nicht die Töchter. Gegen von Kamptz.

Das ausschließliche Erbrecht der Söhne in das Lehen ist in Mecklenburg nicht unbestritten.

Es wird behauptet, daß demselben in neuerer Zeit als Herkommen ein anderer Rechtssatz entgegengetreten sei, nach welchem

> von dem Lehen und Alod, als einer Masse, den Söhnen je zwei Theile, den Töchtern je ein Theil gebühre.

Für die Prüfung der für dieses Herkommen geltend gemachten Gründe darf ein anderes Herkommen nicht unberücksichtigt bleiben, dessen in früherer Zeit Erwähnung geschieht, und wonach für die frühere Zeit vor dem vorhin bezeichneten Herkommen der Rechtssatz behauptet wird, daß

> die Söhne und Töchter das Alod zu gleichen Theilen, dagegen das Lehen so erben, daß von demselben den Söhnen je zwei Theile, den Töchtern je ein Theil gebührt.

Beide Theilungsarten, sowohl jene jüngere, als auch diese ältere, werden mit einer Bestimmung der Re-

1) Aus einem von der Juristenfacultät im Jahre 1845 abgegebenen Gutachten.

versalen von 1621 in Verbindung gebracht, und als eine Ergänzung derselben betrachtet.

Es ist daher zuvörderst das Recht der Reversalen darzustellen.

A. Die Reversalen von 1621 Art. 27 und 31. enthalten folgende Bestimmungen.

Art. 27. Zum Fall auch einer Erbjungfrauen Vater nicht so viel an Bahrschaft und Alodialgütern auf seinen Todesfall hinter ihm verlassen würde, daß sie davon gebührlich außgesteuret werden könte, so sol ihr der Brautschatz ex feudo, pro quantitate ejusdem, wenigers nicht und ungeacht ihres habenden Nießbrauchs, abgerichtet und gefolgert werden.

Art. 31. Dem nechst haben Wir unser getreuen Ritterschaft, die besondere Gnade gethan, daß die einem Lehmann anererbte Schulden, und darin er sonsten wegen gebührlicher Außsteur und Abfindung seiner respective Töchter, Schwester und Brüder, doch daß solches nicht übermeßig geschicht, durch Feuersbrunst, Ungewitter, und andere casus fortuitos, ohn sein Hin- und Fahrlessigkeit, aus göttlicher unwandelbaren Verhängnuß gerathen möchte, aus den Uns eröffneten Lehen bezahlet und abgerichtet werden sollen. — —

Und wann er dann zur Außsteur seiner Töchter und Schwester, oder auch in andern Fällen, so itzt vermeldet, einer Anleihung einer gewissen Summen Geldes benöthiget, solches Uns und Unsern nachkommenden regierenden Landesfürsten, als den Lehnherrn, supplicando zu erkennen zu geben, und um gnädigen Consens und Bewilligung unterthänig anzuhalten schuldig und verpflicht.

Aus diesen Bestimmungen ergiebt sich:

1. Nicht nur eine Erbjungfrau, sondern jede Tochter hat ein Recht darauf, daß ihr ein gebührlicher Brautschatz ex feudo abgerichtet werde.

2. Das Recht auf einen Brautschatz ex feudo besteht aber nur dann, wenn der Vater nicht so viel Alod hinterläßt, daß sie schon davon gebührlich ausgesteuert werden kann.

3. Die Gebührlichkeit des Brautschatzes ist zu bemessen pro quantitate feudi et alodii, und zwar stets des Alods des Vaters. Es giebt also das feudale und alodiale Vermögen des Vaters den Maaßstab.

a. Denn daß sie nicht lediglich nach dem Alod zu bemessen ist, ergiebt sich daraus, daß dann, wenn dieses wäre, das Alod stets ausreichen würde, während doch die Reversalen den Fall, daß es nicht ausreicht, als möglich annehmen: dasselbe ergiebt sich ferner aus dem Ausdruck pro quantitate feudi. Dieser kann nur bedeuten: „nach Maaßgabe des Lehns," und nicht: „soweit das Lehen reicht," denn dieses reicht, wenn das Alod nicht ausreicht, immer aus, weil der Brautschatz, wie sich von selbst versteht, nicht den ganzen Werth des Lehns erreichen darf.

b. Die Gebührlichkeit ist aber auch nicht lediglich nach dem Lehen zu bemessen. Denn es ist nicht abzusehen, warum von dem Rechtssatz, daß die dos nach dem gesammten Vermögen des Vaters sich bestimmt, bei einem aus Lehn und Alod bestehenden Vermögen eine Ausnahme dahin Statt finden solle, daß das Alod außer Anschlag zu bringen sei. Nur die Frage, ob das Lehen mit angeschlagen werden müsse, konnte Zweifel erregen. Diese ist in den Reversalen bejaht worden, die mit der Bestimmung, daß auch das Lehen für den Brautschatz aufkomme, eben das festgestellt haben, daß auch das Lehen für die Bestimmung der Größe des Brautschatzes zu veranschlagen sei, wobei sie die Berücksichtigung des Alods als etwas sich von selbst Verstehendes voraussetzen.

c. Daß aber das Alod lediglich des Vaters in Anschlag zu bringen ist, und nicht das des Lehnbesitzers, der zur Zeit, wo der Brautschatz gefordert wird, grade das Lehen inne hat, ergiebt sich schon daraus, daß auch gegen den Lehnsherrn der Brautschatz ex feudo verlangt werden kann, und daraus, daß überhaupt die Lehnsfolger nur als solche zur Ausrichtung des Brautschatzes verpflichtet sind.

4. Die weitere Frage, wie viel von dem alodialen und feudalen Vermögen des Vaters der Tochter als Brautschatz gebühre, ist in den Reversalen nicht besonders beantwortet. Sie ist daher nach dem sonstigen Recht zu entscheiden, mithin ist der Brautschatz, wenn der Vater feudales und alodiales Vermögen hat, so zu bestimmen, als wäre das Vermögen ausschließlich ein alodiales. Es ist also die Größe desselben mit Berücksichtigung des gesammten Vermögens des Vaters und zugleich des Standes der Eheleute zu bestimmen, welche beide Verhältnisse also mit einander zu combiniren sind [1]).

Jedenfalls ist so viel unzweifelhaft, daß die Reversalen durch die berührten Artikel an dem Erbrecht nichts geändert haben, weder in Betreff des Lehens, noch des Alodes.

B. Es wird nun aber behauptet, daß sich nach der Zeit der Reversalen ein Herkommen darüber, wie viel von dem alodialen und feudalen Vermögen als Brautschatz verlangt werden dürfe, gebildet habe, und zwar wird demnach diesem Herkommen der Tochter gebührenden Theil

1) l. 60. l. 69. §. 4. D. de jure dotium (23. 3.)

des gesammten Vermögens die Natur eines Erbtheils beigelegt.

Diese Ansicht ist besonders von von Kamptz[1]) vertreten, und gegen dieselbe die Schrift von Kämmerer[2]) gerichtet. Die in der letzten Schrift enthaltenen Gegengründe sind aber theils so in derselben zerstreut, theils können sie durch andere Gründe verstärkt werden, daß es nicht genügen kann, lediglich auf dieselbe zu verweisen.

Das Herkommen wird bei von Kamptz auf folgende Weise behauptet und begründet:

> Nach einem alten allgemeinen Landesgebrauch sind die Erbansprüche der Töchter eines Lehnmannes nicht auf dessen Alodialvermögen beschränkt, sondern erhalten dieselben auch aus dem Lehnsvermögen nicht bloß Alimente, sondern auch neben der Aussteuer als Brautschatz einen Erbtheil. Dieser, seit alter Zeit üblich gewesene Grundsatz ist später gesetzlich bestätigt (Reversalen). Das Verhältniß und das Maaß der Theilnahme der Tochter an der väterlichen Lehnsverlassenschaft anlangend, so ist seit langer Zeit hergebracht, daß das väterliche Lehnsvermögen nach billigen Grundsätzen abgeschätzt und dessen solchergestalt abgeschätzter Betrag mit der Alodialverlassenschaft zusammen zu einer gemeinschaftlichen Erbschaftsmasse constituirt wird, und daß diese Masse, nach Abrechnung der Lehns- und Alodialschulden unter die Söhne und Töchter dergestalt vertheilt wird, daß davon jede Tochter an Erbtheil

---

1) Handbuch des mecklenburgischen Civil-Rechts 1824. §. 209.

2) Beitrag zur Lehre von der aus dem Lehn zu entrichtenden Brautgabe. Rostock 1839.

am Lehn und Allodium die Hälfte des, davon auf jeden Sohn fallenden Erbtheils, mithin jeder Sohn den doppelten Erbtheil jeder Tochter erhält. Wenn gleich dieser Gebrauch weder gesetzlich, noch auch, so viel bekannt, in contradictorio bestätigt ist; so ist er doch seit langen Jahren fast allgemein bei Erbtheilungen zum Grunde gelegt, und sowohl lehnherrlich, als obervormundschaftlich anerkannt, so wie auch von den vaterländischen Juristenfacultäten und Rechtsgelehrten als landüblicher Grundsatz angenommen.

Aus dem, was sodann über die Anwendung dieser Grundsätze bemerkt wird, erhellt noch deutlicher, daß dieses Herkommen so gedacht ist:

Es giebt dasselbe allen Töchtern einen Erbantheil an dem Lehen und einen verminderten Erbantheil an dem Allod; dieser doppelte Erbantheil ist eine Abfindung von dem Recht auf Alimente und Aussteuer, die Tochter ist Erbin ihres Vaters in Betreff des doppelten Erbantheils, es gilt dieses Alles für alte, wie neue Lehen [1]).

C. Diesem Herkommen treten die bedeutendsten Gründe, insbesondere der Widerspruch desselben mit andern dennoch anerkannten Rechtssätzen entgegen, und die für dasselbe geltend gemachten Gründe enthalten keinen hinreichenden Beweis.

Es sind folgende Gründe, aus welchen das Herkommen sich ergeben soll.

1. Daß die Töchter aus dem Lehnsvermögen als Brautschatz einen Erbtheil verlangen können, dafür wer-

---

1) v. Kamptz §. 209. II. bis V.

den bei von Kamptz theils mehrere Schriftsteller angeführt [1]), theils wird behauptet, daß dieser Satz in den Reversalen Art. 27 und 31. gesetzlich bestätigt sei [2]). Die angeführten Schriftsteller behaupten diesen Satz aber gar nicht, wie sich theils im Verlauf unserer Erörterung ergeben wird, theils aus Kämmerer [3]) erhellt, auch würden solche Aeußerungen, welche nur im Allgemeinen das Erbrecht der Töchter behaupten, ohne dasselbe der Quote nach näher zu bestimmen, nicht releviren können. Die Reversalen aber erwähnen eines Erbtheils der Töchter mit keinem Wort, und sie enthalten auch der Sache nach nichts, was auf einen solchen irgend hindeutete. Denn es fehlt an allem Grunde, das dafür möglicherweise geltend zu machende Wort Abfindung in Art. 31., wenn es überhaupt auf das Recht der Töchter zielte, von der Tilgung eines Erbrechtes der Töchter zu verstehen.

2. Für das behauptete Herkommen in seinem ganzen Umfang, also den Erbtheil und die Größe des Erbtheils betreffend, wird zunächst geltend gemacht, daß dieser Gebrauch schon seit langen Jahren fast allgemein bei Erbtheilungen zum Grunde gelegt worden sei.

Es wird hiermit aber nur eine Thatsache behauptet, welche, die Richtigkeit derselben vorausgesetzt, dahin zu prüfen sein wird, ob aus derselben der behauptete Rechtssatz entnommen werden kann.

Was von Kämmerer [4]) angeführt wird, um diese Thatsache zu bestreiten, ist unerheblich. Denn es ergiebt nur, daß die älteren drei Lehnrechtsprojecte dieses

---

1) Note 2.

2) Note 4.

3) S. 21. 22. Note 2. S. 48. 50. 51. Note 11.

4) S. 43 — 58.

Gebrauches nicht erwähnen [1]), das vierte zwar eines solchen als bestehend gedenkt, aber ihn für nicht bindend erklärt [2]), und daß die angeführten Schriftsteller des 17ten Jahrhunderts und die des 18ten Jahrhunderts bis auf Mantzel einer solchen Theilungsart gar nicht gedenken [3]). Mit diesem Allen ist es sehr wohl vereinbar, daß seit langen Jahren, z. B. in dem gegenwärtigen oder schon im vorigen Jahrhundert der behauptete Gebrauch bestanden habe. Ebenso wenig ist dieses damit unvereinbar, daß Mantzel 1738 und 1740 für seine Zeit zwar dieser Theilungsart, daneben aber noch einer andern, ebenfalls gebräuchlichen erwähnt, und daß er ein festes Recht, eben weil keine gleichförmige Gewohnheit da sei, in Abrede stellt, und daß sein Zeugniß, wenn er das Gewohnheitsrecht behaupten würde, nicht es beweisen würde, da nur sein alleiniges Zeugniß vorläge, indem alle späteren Schriftsteller nur seiner Autorität folgten [4]). Denn aus Allem diesen folgt für und gegen das spätere thatsächliche Verhältniß, wie es, von nun an zurückgerechnet, seit langen Jahren bestanden haben soll, offenbar gar nichts. Auch giebt Kämmerer selbst [5]) das Thatsächliche zu, es sei sehr oft die erwähnte Theilungsart zwischen Brüdern und Schwestern vorgekommen.

3. Was für die lehnsherrliche und obervormundschaftliche Anerkennung des behaupteten Herkommens geltend gemacht wird [6]), ist für erstere eine Aeußerung des Kanzlers von Klein, für letztere, außer der Be-

1) S. 44—47.

2) S. 47. 75. 76.

3) S. 48—52.

4) S. 52—58.

5) S. 33.

6) v. Kamptz Note 7.

rufung auf die Notorität, ein Commissorium des Hof- und Landgerichts an den Landrath von Flotow vom 7. Juli 1798.

Allein eine lehnsherrliche Anerkennung läßt sich nicht nachweisen, und die bei von Kamptz angeführten Worte von Kleins sind aus dem Zusammenhang gerissen, indem sie eine ganz andere Frage treffen, wie dieses Kämmerer [1]) nachgewiesen hat.

In dem erwähnten Commissorium aber wird nicht von der fraglichen, sondern von der ältern Theilungsart, nämlich der Theilung nur des Lehns nach einer Portion gegen zwei gesprochen, und auch nur das wird gesagt, daß sie oft und gewöhnlich sei, indem ausdrücklich bemerkt wird, daß die Frage, ob der Tochter eine halbe Portion zustehe, eine rechtliche Untersuchung erfordere [2]).

4. Der Gebrauch soll auch von den vaterländischen Juristenfacultäten als landüblicher Grundsatz angenommen worden sein [3]).

Allein diese Behauptung beruht auf Mißverständnissen und Entstellungen.

Es werden für dieselbe einige Stellen aus sechs Gutachten der Juristenfacultät zu Rostock aus den Jahren 1704, 1742, 1739, 1721, 1740, 1794 angeführt. Wir besprechen dieselben, um die Vergleichung des hier Angedeuteten mit der Schrift von Kämmerer [4]) zu erleichtern, in chronologischer Ordnung, wie dieser es thut.

a. Das erste Gutachten von 1704 [5]) erwähnt nicht

1) S. 58 — 65.

2) Kämmerer S. 66. 67. 104. 105.

3) Kamptz Note 8.

4) S. 67 — 78.

5) Mantzel jus Meckl. et Lubec. illustratum Rostochii 1751 S. 36 jud. LXIV. und ausreichend auch bei Kämmerer S. 68. 69.

der fraglichen, sondern der älteren Theilungsart, und bemerkt von dieser, daß sie meistentheils vorkomme.

b. Das zweite von 1721 [1]) billigt, mit Berufung auf das gemeine. Recht, welches auch in Mecklenburg gebräuchlich sei, und auf die Reversalen §. 27, der Tochter und resp. Schwester nur einen Brautschatz und Alimente aus dem Lehen zu, und gedenkt der fraglichen Theilungsart gar nicht, wohl aber der älteren.

c. Das dritte von 1739 [2]) spricht nur von dem Recht der Geschwister an dem Nachlaß des Bruders, und giebt den Schwestern an dem Alod gleiches Recht mit den Brüdern, an dem Lehen gar kein Erbrecht.

d. Das vierte von 1740 [3]) erwähnt der fraglichen Theilungsart gar nicht, wohl aber der älteren.

e. Das fünfte von 1742 [4]) erwähnt der fraglichen Theilungsart ebenfalls gar nicht, wohl aber der älteren.

f. Das sechste Gutachten von 1794 [5]) erwähnt allerdings der fraglichen Theilungsart, aber nur dahin, daß es den Geschwistern anräth, sich über dieselbe gütlich zu vereinigen. Es wird in demselben Gutachten, und keinesweges in einem andern spätern, wie von Kamptz [6]) es stellt, bemerkt, daß diese Theilungsart eine rechtsverbind-

1) Mantzel a. a. O. S. 187. 188 und vollständig auch bei Kämmerer S. 69. 70.

2) Mantzel a. a. O. S. 149.

3) Mantzel a. a. O. S. 207. 208 jud. 32.

4) Mantzel a. a. O. S. 132 — 135 jud. 23.

5) v. Kamptz Beiträge zum mecklenb. Staats- und Privatrecht. Bd. 5. 1805 S. 388 — 404 und auszugsweise bei Kämmerer S. 77 und S. 78 Note 26 und S. 57, 58. Es sind besonders zu vergleichen S. 398 Nr. 14. S. 399 sub a. S. 402.

6) S. 727.

liche Observanz nicht für sich habe, wie Mantzel [1]) behaupte, weil das Zeugniß dieses einen Schriftstellers kein jus consuetudinarium erweise, und es an einem anderweitigen hinlänglichen Beweise fehle.

Aus dem Angeführten erhellt, daß auch nicht in einem der angezogenen Gutachten das fragliche Herkommen anerkannt, vielmehr es, abgesehen von dem ganz irrelevanten dritten, in allen theils stillschweigend, theils ausdrücklich verworfen worden ist.

5. Der Gebrauch soll auch von vaterländischen Rechtsgelehrten als landüblicher Grundsatz angenommen sein [2]).

Allein die angeführten sechs Männer behaupten entweder gar nicht den Rechtssatz, oder begründen ihn nicht.

a. Scharff [3]) hat nichts über das fragliche Herkommen.

b. Müller (de Lowtzow) [4]) gedenkt, wenn man die mitgetheilte Stelle in ihrem Zusammenhang vergleicht, einer Theilung nach dem Tode des Vaters gar nicht.

c. Mantzel, von welchem einige Stellen aus zwei Dissertationen [5]) ganz verstümmelt und entstellt mitgetheilt

---

1) de femina Meckl. cap. II. §. 4.

2) v. Kamptz Note 9. S. 728 — 733.

3) D. J. Scharff consultationes juris. Suerini 1717 cons. LXXXII. No. 52. Die Stelle steht vollständig bei Kämmerer S. 51. Note 11.

4) C. M. Müller (de Lautzow) diss. de virgine nobili Meckl. Rostochii 1701 cap. III. §. 8. Die Stelle steht vollständig bei Kämmerer S. 48. 49.

5) Mantzel (Schaumfell) de foemina Mecklenb. Rostochii 1738 cap. II. §. 4. Die Stelle ist bei Kämmerer S. 53 — 55 vollständig abgedruckt.

Mantzel (Vogel) de successione descendentium. Rostochii 1740. Sect. I. §. 3. Die Stelle ist bei Kämmerer S. 55 vollständig abgedruckt.

sind, erwähnt in der ersteren von 1738 zwar der Thatsache, daß die berührte Theilungsart fast immer vorkomme, wenn das Alod nicht bedeutend sei, stellt aber ein festes Recht ausdrücklich in Abrede, weil keine gleichförmige Gewohnheit dasei, und bemerkt in der andern von 1740, indem er ebenfalls der Thatsache: zwei Theile und einen Theil, gedenkt, und zwar nur in dieser Allgemeinheit, so daß seine Bemerkung auf beide Theilungsarten bezogen werden kann, daß es nicht sein Zweck sei, die Rechtsfrage zu untersuchen.

Dazu kommt, daß Mantzel in dem etwas später fallenden Entwurf des Mecklenb. Lehnrechts 1757 [1]) erklärt, daß die Thatsache der geschehenen Theilungen nach einem Drittheil und zwei Drittheilen nicht so beschaffen sei, um einen Rechtssatz herauszustellen.

d. Von Baleke sind einige Stellen aus drei Werken angeführt.

In dem der Zeit nach ersten Werk, den handschriftlichen Bemerkungen über Mantzels Entwurf des mecklenb. Lehnrechts [2]), welche Bemerkungen wahrscheinlich aus dem Jahre 1758 herrühren [3]) und welche, so weit sie hier in Betracht kommen, v. Kamptz [4]) hat abdrucken lassen, wird allerdings die fragliche Theilungsart für eine „unstreitige, rechtsgültige, mecklenburgische Observanz" erklärt.

Es hat aber Baleke diese seine Behauptung später zurückgenommen.

---

1) Tit. 13. S. 106, 107. Die Stelle ist auch abgedruckt bei Kämmerer S. 75, 76.

2) Titel 13. Absatz 4.

3) Vgl. Kämmerer S. 86. Note 28.

4) Beiträge zum Mecklenb. Staats- und Privatrecht Bd. 6. 1805 S. 325. 326.

Denn in dem zweiten Werk, der Abhandlung von dem Erbjungfrauenrecht [1]), aus welchem von Kamptz nur einige Zeilen mittheilt, bemerkt er, daß den Reversalen, welche nur einen Brautschatz aus dem Lehen, deficiente alodio, zubilligen, zwar ein altbekanntes Herkommen entgegenzustehen scheine, daß aber dieser Gebrauch noch nicht die Probe halte, daher zu verneinen sei. Dabei beruft er sich auf eine von ihm im Namen der Facultät gemachte Belehrung, „wornach auch die Endurtel ausgefallen," in welcher ein derartiges rechtsgültiges Gewohnheitsrecht in Abrede genommen werde.

In dem dritten Werk (Notae in Moelleri usum) [2]) wird ebenfalls die fragliche Theilungsart hervorgehoben, aber ebenso, wie es von Mantzel [3]) geschieht, welcher auch citirt und fast wörtlich benutzt ist, nur als eine thatsächlich regelmäßig vorkommende.

e. Die aus den Bemerkungen des Klosterhauptmanns von Pressentin zu dem Mantzelschen Entwurf hervorgehobene Stelle [4]) bemerkt zwar, daß es Herkommen sei, daß zur Theilung mit den Töchtern geschritten werde, und diese eine Erbrate erhielten, bemerkt aber über die Größe dieser letzteren gar nichts.

---

1) Rostock 1762. Cap. III. §. 6. S. 48, 49. Die Stelle steht auch bei Kämmerer S. 82. 83.

2) C. H. Mölleri primae lineae usus practici distinctionum feudalium. Accedunt animadversiones Jacobi Henrici Baleke, et J. Christiani Woltaer. Rostochii 1775. cap. XXI. dist. 3. Note 21. pag. 532. Die Stelle steht vollständig bei Kämmerer S. 80. 81. doch verweiset Balcke nach dem Wort adstipulatur auf seine Abhandlung vom Erbjungfrauenrecht. cap. III. §. 16.

3) de femina Meckl. cap. II. §. 4.

4) v. Kamptz S. 730. 731.

f. Die aus dem Gutachten des Geheimraths von Schmidt entnommene Stelle [1]) gedenkt zwar der Theilung nach je einem und je zwei Theilen, aber ohne anzugeben, ob diese Theile nur von dem Lehn, oder vom Alod und Lehn zu rechnen sein. Dieses Zeugniß ist also so wenig, wie das vorige, relevant.

D. Sind sonach die von v. Kamptz geltend gemachten Gründe nicht für das Herkommen, so sind anderseits die bedeutendsten Gründe gegen dasselbe.

Es sind zunächst folgende äußere Gründe, welche gegen das fragliche Herkommen sprechen.

Was die Schriftsteller anlangt, so wird vor Mantzels angeführter Dissertation [2]) der fraglichen Theilungsart nicht gedacht. Die späteren Schriftsteller, welche für das fragliche Herkommen auf ihn sich stützen und berufen, entbehren aller Auctorität, weil er nur das Thatsächliche anerkennt, den Rechtssatz aber verwirft. Gegen den Rechtssatz ist außer der Auctorität Mantzels von 1738 und 1757 (vergl. oben C. 5. c.) auch die von Baleke von 1762 und 1775 (vergl. oben C. 5. d.) und die von Eschenbach [3]): „Eine andere Gewohnheit der ersten Hälfte des vorigen Jahrhunderts, da man den zusammengeworfenen Lehn- und Alodial-Nachlaß des Vaters unter Söhne und Töchter ungleich vertheilte, hat in der Folge keinen Beifall weiter gefunden."

Besonders ist es aber die Juristenfacultät der Landesuniversität, welche sich in mehreren Erachten [4]) ge-

1) v. Kamptz S. 731 — 733.

2) de femina Meckl. 1738.

3) Osterprogramm vom 14ten April 1816 (enthaltend die erste Hälfte einer Einleitung zu einem Handbuch des Lehnrechts) S. 7.

4) Bei Kämmerer S. 96 — 101.

gen das Dasein eines herkömmlichen Rechtssatzes, wonach der Tochter halb so viel, als dem Sohne gebühre, ausgesprochen hat. Nämlich in einem Erachten von

1. 1735 [1]). Es wird die factische Regel („öfters"), daß jede Tochter halb so viel als der Sohn haben soll, anerkannt, die juristische aber verworfen. Der Grund ist nur: es werde nicht erweislich sein, daß der angegebene Landesgebrauch durch praejudicata in contradictorio festgesetzt sei, und dasjenige, was bei außergerichtlichen Theilungen in Güte beliebt worden, würde keinen Landesgebrauch darthun, bei welchem man in judicando verbleiben müsse. Es wird auch ausdrücklich hervorgehoben, daß den Söhnen ein, die Tochter gänzlich ausschließendes Erbrecht in die Lehen zustehe. Es sind damit beide Theilungsarten aufs deutlichste als Rechtssatz verworfen worden.

2. 1736 [2]). Es heißt: „Auch ist der Landesgebrauch, daß einer jeden Tochter halb so viel, als einem Sohne aus dem Lehn gezahlet wird, in contradictorio durch praejudicia, so viel uns wissend nimmer festgesetzt, und was in außergerichtlichen Theilungen in Güte beliebt worden, kann keinen Landesgebrauch, bei welchem künftig ein Richter bleiben müßte, darthun." — Es sind also beide Theilungsarten als Rechtssatz verworfen.

3. 1757 [3]). Es bemerkt, daß die Töchter im Lehn gar kein Successionsrecht haben, mit Berufung auf das gemeine Recht, und daß die Theilungsart mit Zusammen=

---

1) Ungnaden amoenitates dipl. histor. jurid. 1749. S. 129—152. Es gehört hierher S. 150. 151. 142. 143.

2) Mantzel selecta juridica Rostoch. fasc. IV. Rostochii 1747 spec. 16. qu. 3. S. 125. 126.

3) Bei Kämmerer S. 100 erwähnt, und S. 114—121 mitgetheilt.

werfung des Alods und Lehns in eine Masse zwar sehr häufig vorkomme, aber nicht ein rechtsgültiges Gewohnheitsrecht bilde, da sie immer nur per amicabilem compositionem Statt gefunden, wofür auch auf Schaumkell (Mantzel) Bezug genommen wird. — Es wird also nur der zweiten Theilungsart gedacht.

4. 1758 [1]). Es verwirft das angebliche Gewohnheitsrecht, daß eine Tochter ein Erbrecht in das Lehn habe, aus dem Grunde, weil es an den Requisiten eines solchen fehle, weil es dem Interesse des Lehnsherrn, „daß sonstigen Alodialerben keine ordentlichen Erbportionen aus dem „Lehn zugeeignet werden," präjudizirlich sei, und weil es überdies contra legem, nämlich das gemeine Lehnrecht, sein würde. — Es verwirft also beide Theilungsarten.

5. 1776 [2]). In dem Erachten wird für die Frage, nach welchem Verhältniß die Größe eines gebührlichen Brautschatzes zu bestimmen sei, lediglich auf die Reversalen verwiesen, und keiner der beiden Theilungsarten gedacht [3]).

6. 1794. Dieses Erachten [4]) bestreitet der Theilungsart, welche das Alod und Lehen zu einer Masse zusammenwirft, den Charakter eines jus consuetudinarium, und bemerkt ausdrücklich, daß die Töchter nicht coheredes in Betreff des Lehngutes seien. — Der älteren Theilungsart erwähnt es gar nicht.

---

1) Bei Kämmerer S. 101 erwähnt, und S. 122 — 125 mitgetheilt.

2) Dieses Erachten ist nicht gedruckt, und befindet sich im Archiv der Juristenfacultät zu Rostock.

3) Vergl. Kämmerer S. 98. 99.

4) Es ist C. 4. f. erwähnt worden.

7. 1817 [1]). In diesem Erachten wird bemerkt, daß der Landesgebrauch, nach welchem den Töchtern aus dem zusammengeworfenen Lehn und Erbe halb so viel, als den Söhnen gebühre, nicht als ein jus consuetudinarium bestätigt sei, mit Berufung auf Balecke [2]). Es wird hier zwar, nach den vorgelegten Thatsachen, nur so erwähnt, daß er dem Recht der Töchter auf ein Mehreres, als die Hälfte dessen, was die Söhne erhalten, nicht entgegenstehe, wenn das Alod groß sei; allein daß er auch, insofern er die Söhne benachtheiligen würde, verworfen wird, ergiebt sich daraus, daß er überhaupt als jus nicht anerkannt wird. — Der ersten Theilungsart wird in dem Gutachten gar nicht gedacht.

Einige andere Erachten, welche Kämmerer mittheilt, sind für die Rechtsfrage weniger bedeutend.

1. Ein Erachten des engeren Ausschusses vom Februar 1821 [3]) bemerkt, daß die Theilung jetzt gewöhnlich in der fraglichen Art vorkomme, aber freilich immer nur vergleichsweise. Nur dieses ist bemerkt, und zwar ohne alle weitere Ausführung.

2. Ebenso äußert sich das Erachten des Bürgermeisters Wulffleff zu Neubrandenburg: die fragliche Theilungsart sei das gewöhnliche Resultat der durch Vergleich herbeigeführten Auseinandersetzung [4]).

3. Das zum Landtags-Protocoll vom 20sten Nov. 1822 abgegebene Dictamen des Landrathes von Der-

---

1) Beilagen zu den wöchentlichen Rostockschen Nachrichten von 1829. Stück 23. 24. S. 89—95. Es gehören hierher S. 93. 94.

2) notae ad Moeller. Note 21. S. 532.

3) Bei Kämmerer S. 102 erwähnt, und S. 125—129 mitgetheilt.

4) Kämmerer S. 134.

tzen auf Kittendorf bestätigt, indem es sich über die Rechtsfrage schwankend äußert („ein solches abänderndes Gewohnheitsrecht möchte kaum stattfinden"), das Thatsächliche, daß die fragliche Theilungsart, mit Zusammenwerfung von Alod und Lehn, vorkomme, und bemerkt dabei 1822, daß dieselbe nur Praxis der neuern, ja selbst nur der neuesten Zeit zu sein scheine [1]).

Ob durch ein richterliches Erkenntniß das Erbrecht der Töchter in das Lehn anerkannt oder aberkannt sei, muß dahin gestellt bleiben. Das Letztere behauptet zwar Kämmerer [2]). Allein die dafür angezogene Behauptung Balekes in den oben (B. 5. d.) angeführten Worten: „wornach auch die Endurtel ausgefallen" kann in Betreff ihrer Glaubwürdigkeit nicht geprüft werden [3]) und die weiter geltend gemachte Sentenz vom 8ten März 1757 und confirmatorische vom 24sten April 1759 ist deshalb nicht entscheidend, weil in Betreff beider nicht ersichtlich ist, aus welchen Gründen, ob aus rechtlichen oder factischen, der Anspruch auf eine Erbportion der Tochter verworfen ward.

E. Ist sonach das fragliche Herkommen nicht dargethan, so bleibt doch die Frage, ob nicht die andere Theilungsart, nach welcher

> die Söhne und Töchter das Alod zu gleichen Theilen, dagegen das Lehen so erben, daß von demselben den Söhnen je zwei, den Töchtern je ein Theil gebührt,

---

1) Bei Kämmerer S. 103 erwähnt, und S. 130—133 mitgetheilt.

2) S. 99—101.

3) Vgl. Kämmerer S. 83. Note 13.

ein älteres, vielleicht noch jetzt geltendes Herkommen für sich habe.

Schwerlich läßt sich aber für dasselbe eine irgend bedeutende Auctorität anführen. Wo dessen Erwähnung geschieht, wird fast immer, wenn auch die Theilungsart als eine nicht seltene, ja häufige Thatsache anerkannt wird, doch ein derselben unterliegender Rechtssatz in Abrede gestellt.

Es sind nun zunächst folgende äußere Gründe, welche gegen dieses Herkommen sprechen.

Von der Juristenfacultät der Landesuniversität wird der fraglichen Theilungsart in mehreren Erachten gedacht.

1. Zuerst in dem bereits oben (C. 4. a.) erwähnten Erachten von 1704. Es wird aber darin nur die Antwort gegeben: „daß in Mecklenburg meistentheils die Töchter aus den Lehngütern einen Theil, die Söhne aber zwei Theile bekommen; was aber alodial, wird gleich getheilt.“ Als eine Regel des Rechts ist dies offenbar nicht aufgestellt.

2. In dem oben (C. 4. b.) erwähnten Erachten von 1721. Es wird aber, weil die consuetudo lubrica sei, lediglich auf das gemeine Recht und die Reversalen Bezug genommen.

3. In dem oben (D. 1.) erwähnten Erachten von 1735, in welchem beide Theilungsarten aufs deutlichste als Rechtssatz verworfen werden.

4. In dem oben (D. 2.) erwähnten Erachten von 1736, in welchem ebenfalls beide Theilungsarten als Rechtssatz verworfen werden.

5. In dem oben (C. 4. d.) erwähnten Erachten von 1740. Die Theilungsart wird hier allerdings für einen

durch „beständiges Herkommen" feststehenden Rechtssatz erklärt, und daraus der Schluß gezogen, daß die Tochter von der ihr so gebührenden Erbportion ab intestato den Pflichttheil verlangen könne.

Allein schon im Jahre 1742 erklärte sich die Juristenfacultät, wie früher, gegen den Rechtssatz.

6. In dem oben (C. 4. e.) erwähnten Gutachten von 1742. Es wird hier nur das thatsächliche Verhältniß der fraglichen Theilung anerkannt, und daher am Schluß den Töchtern, welche mit den Brüdern gleichen Strang von der Taxe der Lehngüter ziehen wollen, gerathen, wie es von je her ihnen gerathen worden sei, sich gegen die Theilungsart nicht zu sperren; dahingegen wird ein durch das Herkommen feststehender Rechtssatz in Abrede gestellt.

7. In dem oben (D. 4.) erwähnten Erachten von 1758, welches beide Theilungsarten verwirft.

8. In dem oben (D. 5.) erwähnten Erachten von 1776, in welchem keiner der beiden Theilungsarten gedacht wird, werden diese damit stillschweigend verworfen.

Außerdem wird der fraglichen älteren Theilungsart gedacht

9. in einem bei Kämmerer [1]) erwähnten Gutachten zweier nicht genannter doctores aus Schwerin und Wismar vom Jahr 1735 [2]). Nur das Thatsächliche wird anerkannt als ein mecklenburgischer Gebrauch, dahingegen was das Recht betrifft, ausdrücklich bemerkt, daß so nur die Größe des Brautschatzes ausgemittelt werde, indem die Töchter kein Recht hätten, in Lehngütern mit den Söhnen zu succediren, oder zu theilen.

---

1) S. 79. Note 3.

2) Bei Ungnaden amoenitates dipl. histor. juridicae 1749. S. 787 — 792.

10. Bei Mantzel [1]). Er bemerkt hier, daß die fragliche Theilungsart bei großem Alod vorkomme, stellt sie aber nur als eine factische, nicht als eine juristische Regel hin.

11. Bei Baleke [2]). Es wird aber der Gebrauch, der so allgemein bezeichnet ist, daß er von der einen, wie andern Theilungsart verstanden werden kann, für unprobehaltig erklärt.

Auch in der oben (C. 5. d.) erwähnten Stelle [3]) gedenkt Baleke der fraglichen Theilungsart, aber nur als einer bei großem Alod thatsächlich regelmäßig vorkommenden, indem er, unter Verweisung auf seine Abhandlung vom Erbjungfrauenrecht [4]) einen herkömmlichen Rechtssatz in Abrede stellt.

Es ist bei dieser spätern Meinung Baleke's seine frühere ohne Bedeutung. Diese geht in den zu Mantzels Lehnrechtsentwurf 1757 [5]) gemachten Bemerkungen [6]), die, wie bemerkt, wahrscheinlich aus dem Jahre 1758 herrühren, dahin, daß der hier verworfene, angebliche Landesgebrauch (es ist die jüngere Theilungsart: „gleich durch") „eine unstreitige, rechtsgültige, mecklenburgische Observanz sei," wofür auf Schaumkell [7]) Bezug genommen wird, und „diese daher auch beibehalten werden

1) diss. de femina Mecklenb. 1738. cap. II. §. 4.

2) Erbjungfrauenrecht 1762 cap. III. §. 16. S. 48. 49.

3) Note 21 zu Möller primae lineae usus practici 1775. S. 532.

4) cap. III. §. 16.

5) Tit. XIII. Absatz 4.

6) Sie stehen, soweit in von Kamptz Beiträgen zum mecklenburgischen Staats- und Privatrecht. Bd. 6. 1805. S. 325. 326.

7) de foemina Mecklenb. c. II.

„müsse, wobei aber zu inseriren, daß die Töchter in den „alodiis, sofern sie von einiger Wichtigkeit sind, mit denen „Söhnen gleiche portiones erlangen." Die Meinung geht also dahin, daß die jüngere Theilungsart und bei bedeutendem Alod die ältere eintreten müsse, weil dieses eine rechtsgültige Observanz für sich habe. Die Berufung auf Schaumkell, d. i. Mantzel, nimmt dieser Meinung deshalb, abgesehen davon, daß die frühere Ansicht Mantzels gegen dessen spätere Ansicht beweisen soll, alle Bedeutung, weil jene frühere Ansicht mißverstanden ist, da Mantzel einen festen Rechtssatz ausdrücklich in Abrede stellt.

Nach Baleke 1775 wird, wie es scheint, dieser älteren Theilungsart nicht mehr gedacht.

F. Zu den angeführten äußeren Gründen gegen das eine, wie das andere Herkommen, dasselbe als Rechtssatz gedacht, kommen die erheblichsten inneren Gründe hinzu.

Es treten beide Theilungsarten, wenn ihnen ein Rechtssatz unterliegen soll, welcher den Töchtern ein Erbrecht in das Lehen giebt, in Widerspruch mit andern, dennoch anerkannten Rechtssätzen. Danach kann in dem, wenn auch noch so gewöhnlichen, Factum nicht eine Anwendung eines durchgreifenden erbrechtlichen Rechtssatzes gefunden werden, da ein solcher widersinnig sein würde, sondern nur eine unter Berücksichtigung der gerade vorliegenden bestimmten Verhältnisse im einzelnen Fall von den Interessenten als billig, als angemessen erachtete, und daher gütlich gewollte und vereinbarte Vertheilung des activen Werthes des Lehn- oder des gesammten Nachlasses.

Der Rechtssatz des jüngeren Herkommens soll sein: der Tochter steht ein Erbrecht in das Lehen zu, welches sie bis dahin nicht hatte, und ein geringeres in das Alod, als sie bis dahin hatte. Sie erbt mit dem Bruder in Alod und Lehn, aber in beides zu geringerem Theil, als der Bruder. Dieses Erbrecht steht der unverheiratheten, wie der verheiratheten Tochter zu, denn das frühere Recht der Tochter auf Alimente und einen Brautschatz ist in dieses neue Erbrecht aufgegangen. — So wird das Herkommen, nämlich der Rechtssatz, bei von Kamptz gedacht.

Dieser Rechtssatz würde offenbar nicht eine Ergänzung der Reversalen, sondern ein neuer Rechtssatz gegen die Reversalen sein. Denn er vernichtet das von diesen anerkannte Recht auf Alimente und auf einen Brautschatz als solchen, statt dasselbe zu bestimmen, und giebt den Töchtern ein Erbrecht, welches sie nicht hatten, und beschränkt das Erbrecht, welches sie hatten.

Dieser neue Rechtssatz soll sich als eine allgemeine Rechtsüberzeugung ausgesprochen haben in einer Menge von Erbtheilungen zwischen Geschwistern. In diesen findet er, wenn überhaupt, seine ausschließliche Begründung, denn eine Anerkennung desselben von andern Seiten fehlt gänzlich.

Der Rechtssatz kann geprüft werden mit Hinwegdenkung eines vorhandenen Alods. Denn auch für diesen Fall soll er gelten. Durch das vorhandene Alod verringert sich nur der Nachtheil, den der Sohn durch die Concurrenz der Tochter hat, weil er durch den größern Antheil am Alod ($\frac{2}{3}$ statt $\frac{1}{2}$) für diese Concurrenz in etwas entschädigt wird. Einen Vortheil durch dieses neue Erbrecht würde der Sohn nur dann haben, wenn der Werth des Alods den des Lehns um eine bestimmte Größe, welche sich ausrechnen läßt, und nach Verschiedenheit der Fälle verschieden ist, übersteigt. Aber gerade für den Fall, daß „das Alod sehr bedeutend gegen das Lehnsvermögen ist," soll, nach Kamptz [1]), das Herkommen nicht gelten. Dieser unbestimmte Zusatz macht den ganzen Rechtssatz bedeutungslos, wenn man ihn nicht bestimmt von einem Uebersteigen des Werthes um jene Größe verstehen will. Dann aber ist das Herkommen auf den Fall beschränkt, daß durch dasselbe die Tochter gar nicht leidet. Durch die Behauptung des neuen Erbrechts ist also lediglich eine Benachtheiligung der Söhne bezweckt, und der behauptete Rechtssatz ist mithin ganz einfach der: die Tochter hat neben dem Sohn ein Erbrecht in das Lehn, und zwar sie auf $\frac{1}{3}$, er auf $\frac{2}{3}$.

Sonach fällt denn dieses neueste Herkommen ganz zusammen mit dem früheren, nach welchem, ohne daß das Erbrecht in das Alod alterirt werde, der Tochter $\frac{1}{3}$, dem Sohne $\frac{2}{3}$ vom Lehn gebühren soll. Nur ein anderer Ausdruck für dieses letzgenannte Herkommen ist gefunden.

Es steht also für die Prüfung des zweifachen Herkommens lediglich der Satz zur Frage: ob ein Herkommen für den Rechtssatz beweislich ist, daß die Tochter neben dem Sohn ein Erbrecht in das Lehn auf einen Drittheil habe.

In der Prüfung dieses Satzes ist die des behaupteten zweifachen Herkommens vollständig enthalten.

Diesem Rechtssatz stehen aber folgende Gründe entgegen.

1. Durch das neue Erbrecht der Tochter neben dem Sohn wird nicht nur der Sohn in seinem ausschließlichen Erbrecht, sondern werden auch die Agnaten in ihrem Erbrecht, und wird auch der Lehnsherr in seinem Heimfallsrecht beeinträchtigt.

---

1) §. 209. Note 11.

Freilich kann der Sohn, nachdem er das Lehn geerbt hat, der Schwester den dritten, wie jeden andern Theil vom Werth des Lehens im Wege der Verschuldung desselben zuwenden, obgleich er auch hierin, wenn das Lehn nur noch auf seinen zwei Augen steht, durch den Lehnsherrn beschränkt ist, und sonach scheint einem Erbrecht der Tochter, unter der Voraussetzung, daß ein Sohn vorhanden ist, regelmäßig nichts entgegenzustehen. Allein eine solche Gabe, die auf seinem Willen beruht, ist von einem Erbrecht der Tochter, welches auch ohne seinen Willen da ist, auch in Betreff der Agnaten und des Lehnsherrn wesentlich verschieden.

Denn besteht ein Erbrecht der Tochter neben dem Sohne, so würde dasselbe durch das Dasein eines Sohnes beim Tode des Vaters begründet sein, und es würde der nach dem Wegfallen des Sohnes eintretende Agnat, oder Lehnsherr um den dritten Theil des Lehns verkürzt sein, oder, wenn mehr als eine Tochter neben dem einen Sohn da ist, um die Hälfte, drei Fünftel, zwei Drittel, fünf Siebentel u. s. w.

Es würde danach, selbst wenn in den Auseinandersetzungen der Geschwister sich die Ansicht der Söhne ausgesprochen hätte, daß der Tochter ein Erbrecht zustehe, und selbst wenn man hierin eine allgemeine, die Söhne überhaupt bindende Rechtsansicht finden dürfte, dieses zur Begründung eines Erbrechts der Tochter nicht genügen, sondern es müßte eine solche Rechtsüberzeugung auch auf Seiten der Agnaten und des Lehnsherrn nachgewiesen werden können. Es würde das auf die Ueberzeugung von der Richtigkeit des Rechtssatzes hinauskommen, daß der Agnat und der Lehnsherr nicht schon in Ermangelung von männlichen Descendenten, sondern erst in Ermangelung auch von weiblichen Descendenten in das volle Lehn einrücken dürfe. Für eine solche gemeinsame Rechtsüberzeugung der Agnaten, und eine solche Ansicht der Lehnsherrn läßt sich nun aber auch gar nichts vorbringen, denn daß für sie aus dem, bei den Auseinandersetzungen zwischen Geschwistern beobachteten Verfahren nicht das Mindeste folgt, bedarf kaum der Erwähnung.

2. Wenn ein Erbrecht der Tochter neben dem Sohn bestehen soll, so müßte ein solches, auch wenn kein Sohn da ist, angenommen werden, also auch für den Fall, daß nach dem früheren Recht ein Agnat oder der Lehnsherr einrücken würde.

Denn da in dem neuen Erbrecht die Ansicht sich geltend machen würde, daß das ausschließliche Erbrecht des Mannsstammes nicht mehr Rechtens sei, so würde es ein Widerspruch sein, wollte man das Erbrecht, welches der Tochter neben dem Sohn zustehen soll, ihr neben dem Agnaten absprechen, und wollte man ihr nicht, wenn gar kein lehnssuccessionsfähiger Mannsstamm da ist, ein Erbrecht, sei es auch nur auf einen Theil des Lehns, dem Heimfall des Lehns für den andern Theil gegenüber, zugestehen.

Es hat nämlich gar keinen innern Grund für sich, dem Agnaten des verstorbenen Vasallen ein stärkeres Recht der Tochter gegenüber, als dem Sohn desselben, zuzugestehen; nur das könnte zweifelhaft sein, ob nicht der Agnat durch die Tochter gänzlich ausgeschlossen werde.

Ebenso wenig ist ein innerer Grund dafür erfindlich, daß, wenn der Tochter neben dem Sohn und neben dem Agnaten ein Erbrecht zusteht, ihr gar kein Erbrecht zustehe, wenn es überall am Mannsstamm fehlt; nur das könnte zweifelhaft sein, ob nicht der Heimfall durch das Erbrecht der Tochter statt für einen Theil gänzlich ausgeschlossen werde, für welches letztere am Ende die Unmöglichkeit sprechen würde, die Größe der Erbquote zu bestimmen, da es schwer sein wird, zu entscheiden, ob der Lehnsherr für einen Sohn, oder für mehrere, und für wie viele gelten soll.

Daß nun aber, wenn männliche Descendenten fehlen, der Tochter neben dem Agnaten, oder gegenüber dem Heimfall des Lehns kein Erbrecht in das Lehen zusteht, das ist ganz entschieden, weil ihr für diesen Fall ein gänzlich anderes Recht, nämlich das Erbjungferrecht, unbestritten bis auf den heutigen Tag zusteht.

3. Ferner steht dem fraglichen Rechtssatz Folgendes entgegen:

Die Anwendung desselben würde dahin führen, daß, wenn die Zahl der Töchter eines verstorbenen Vasallen die der Söhne um mehr als das Doppelte übersteigt, der größte Theil des Lehns von den Töchtern geerbt wird. Der einem Sohne zugefallene Erbtheil kann wieder, wenn er verstirbt, zu dem größten Theil an seine Töchter fallen. Denkt man den Fall, daß ein Vasall mit Hinterlassung eines Sohnes und vieler Töchter verstirbt, und daß dieser Sohn ebenfalls nur einen Sohn und viele Töchter hinterläßt, so wird das Lehen zu einem ganz geringen Theil dem Sohne und fast ganz dem Weiberstamme gehören. Wenn dieser Sohn seinen unbedeutenden Lehnsantheil zu Gunsten des Weiberstammes aufgiebt und was sollte dem entgegenstehen, wenn einmal den Weibern ein Erbrecht überhaupt zusteht? so ist das ganze Lehen bei dem Weiberstamm.

Wie soll nun, bei der Möglichkeit eines solchen Resultates des Rechtssatzes, derselbe in Einklang gebracht werden mit

der Erscheinung, daß ein solches Resultat des prävalirenden Erbrechtes der Weiber gar nicht vorgekommen ist, und wie mit dem Rechtssatz,

daß Männer und Agnaten ausschließlich lehnsfolgefähig und lehnsfähig sind,

daß Weiberlehen als eine Ausnahme gelten,

daß uneheliche Kinder nicht succediren sollen, und wie mit den Rechtssätzen

über das Recht der Schildvettern, welche eines Namens, Schildes und Helmes sein sollen, und

über das Recht der Reversalvettern, welche Agnaten sein sollen, und

über das Recht von deren Leibeslehnserben, und wie mit den Rechtssätzen

über die Revocation und den Retract bei Veräußerung von Lehnsgütern? Sollen auch diese Rechte den Weibern zustehen?

In alle diese Rechtssätze würde der Rechtssatz, daß den Töchtern ein Erbrecht in das Lehen zustehe, erschütternd haben eingreifen müssen, wenn er wirklich bestände. Sie werden aber alle, ohne daß ein solcher Eingriff irgend ersichtlich ist, in ihrer Reinheit gerichtlich und außergerichtlich zur Anwendung gebracht. Diese unverkümmerte Existenz jener Rechtssätze ist ein Beweis gegen den fraglichen Rechtssatz, da sie mit diesem in Widerspruch stehen.

Nach der ganzen vorstehenden Entwicklung besteht ein Erbrecht der Töchter in das Lehen nicht, und beschränkt sich das Recht derselben in Betreff des Lehns auf den Anspruch auf Alimente und auf einen Brautschatz, wie dieser aus den Worten und dem Sinn der Reversalen sich nach der obigen Erörterung herausstellt.

XI.

1. Wenn in Ansehung einer zum Beweis verstellten Injurie aus der Beweisführung sich ergiebt, daß eine ähnliche, aber geringere Injurie zugefügt sei, so muß lediglich der Inhalt des Beweisinterlocuts bei Abfassung des Endurtheils zur Norm dienen, und es ist unzulässig dasselbe auf die geringere Injurie zu richten, unter Vergleichung der Kosten wegen Zuvielforderung.

2. Das sogenannte beneficium restitutionis in integrum wider die Präclusivkraft der Beweisfrist (Pr. O. §. 68. vergl. §. 36.) cessirt, sobald ein rechtskräftiges Erkenntniß über das Resultat der Beweisführung ergangen ist.

3. Ein nothwendiger Eid kann nach Pr. O. §. 101. §. 105. z. E. §. 153. Nr. 3. nicht durch neuaufgefundene Beweismittel, sondern, wie der freiwillige, nur durch Meineidsbeweis angefochten werden.

4. Es ist unzulässig, wider ein in weiterer Instanz ergangenes abänderndes Erkenntniß bei dem Rich-

ter erster Instanz um Wiedereinsetzung in den vorigen Stand zu bitten, nach gemeinem Recht, wie nach Pr. O. §. 155.

5. Das Rechtsmittel der Wiedereinsetzung in den vorigen Stand gegen rechtskräftige Erkenntnisse ex capite novorum gehört dem Reichsgerichts-, nicht dem gemeinen deutschen Civilproceß an.

6. Die zur Begründung des Rechtsmittels der Wiedereinsetzung in den vorigen Stand nach Pr. O. §. 153. Nr. 1. zulässigen neuen Thatumstände dürfen auch durch nicht schriftliche Beweismittel dargethan werden.

A. Geschichtserzählung.

In einem, von dem Kaufmann W., einem Ehemann, wider den Fuhrherrn L. beim Stadtgericht zu C. am 2ten Mai 1838 anhängig gemachten Injurienprozesse ist jenem durch die in erster und weiterer Instanz respective unterm 12ten Juli 1838, 8ten Mai und 13ten Sptember 1839 ergangenen Erkenntnisse rechtskräftig zum Beweis verstellt:

daß der Beklagte sich kurz vor Anstellung der Klage, mithin Ende April oder Anfang Mai 1838 gegen mehrere Personen dahin geäußert:

er habe am Freitag Abend 9 Uhr den Kläger auf dem Bruche hinter des Geschworenen St. Zaun mit einer Frauensperson auf der That ertappt.

Der Kläger hat diesen Beweis durch sechs Zeugen angetreten. Der erste, zweite und dritte Zeuge (C. L., M. D.), vernommen am 30sten October, resp. 18ten December 1839, stimmen darin überein, daß sie mit dem Beklagten Ende April 1838 an einem Sonnabend bei dem zweiten Zeugen in einem Spielclubb gewesen. Hier soll, nach Aussage des ersten und zweiten Zeugen, Beklagter gesagt haben: er habe am Abend zuvor in der sogenannten kleinen Trüter-Straße zwei stehen sehen, und, so fügt der zweite hinzu, glaube, daß es Herr W. gewesen: ein Zusatz, dessen der erste sich nicht genau entsinnt, während Beide sonstige Aeußerungen, welche auf die Mittheilung des Beklagten, den Kläger im Ehebruch betroffen zu haben, hindeuten, theils in Abrede nehmen, theils sich derselben nicht mehr entsinnen wollen. Der dritte sagt: Beklagter habe damals erzählt: daß er am Abend zuvor seinen Nachbar W. auf dem Bruche erwischt habe; womit man zu bezeichnen pflege, daß ein Mann und eine Frauensperson in unerlaubtem, möglichst vertrautem Umgang betroffen wurden. Dem vierten Zeugen (E. sen.), vernommen den 18ten December 1839, soll Beklagter im April 1838 in der Schmiede gesagt haben: es sei eine Schande, gestern Abend habe W. auf dem Bruche gestanden, und hinzugefügt, wie Zeuge glaubt, „mit dem Julchen." Der fünfte Zeuge (E. jun.), vernommen am 19ten Mai 1838 und am 1sten Juli 1840, giebt an: Beklagter habe ihm zweimal mitgetheilt: daß er Ende April 1838 Abends nach 9 Uhr den W. mit einer Frauensperson auf dem Bruche oder am Wege stehen sehen, daß er ihn mit derselben erwischt habe. Der sechste Zeuge (H.), vernommen den 18ten März 1840, hat bei dem Versuch, eine Ausgleichung unter den streitenden Theilen herbeizuführen, von dem Beklagten zwar die Behauptuug vernommen, daß dieser den Kläger zur mehrerwähnten Zeit, nicht aber, wie er ihn betroffen habe.

Das Stadtgericht erkannte hierauf am 21sten August 1840 dem Kläger den Erfüllungseid über das Beweisthema zu, und verurtheilte im Fall der Ableistung den Beklagten zu öffentlicher Ehrenerklärung, einer Strafe von 5 Thlr. in die Armencasse und Erstattung der Prozeßkosten. Auf eingewandte Appellation des Beklagten ward indessen mittelst Bescheides Kgl. Justizcanzlei vom 29sten Januar 1841 dem Kläger auferlegt zu schwören:

> daß er nicht anders wisse, als daß der Beklagte kurz vor Anstellung der Klage, mithin Ende April oder Anfang Mai 1838, gegen mehrere Personen sich über ihn in solcher Art geäußert, daß dadurch bei diesen der Verdacht eines sträflichen Umgangs zwischen ihm und einem Frauenzimmer entstanden sei,

und für den Fall der Eidesleistnng die Kostenvergleichung ausgesprochen: da der Umstand, daß die Injurie, wie sie in der Klage behauptet und zum Beweise verstellt worden, nicht in ihrem vollen Umfang nachgewiesen sei, wegen der Zuvielforderung nur auf den Kostenpunkt, nicht aber auf die Sache selbst den Einfluß äußern könne, daß die Klage in angebrachter Maaße zurückgewiesen werde. Der Beklagte ergriff hiegegen das Rechtsmittel der Oberappellation, und das höchste Gericht zu Celle erließ am 19ten September 1842 ein emendatorisches Rescript, daß dem Beklagten ein Reinigungseid dahin aufzuerlegen:

> daß er kurz vor Anstellung der Klage ꝛc. gegen mehrere Personen weder dahin (die Worte des Beweisinterlocuts) sich geäußert, noch auch in andern Ausdrücken ein Betreffen des Klägers im Ehebruch behauptet habe,

und im Fall der Ableistung der Kläger, unter Verurtheilung in die Prozeßkosten abzuweisen, im Fall der Weigerung aber der Beklagte, wie im Erkenntniß vom 21sten August 1840 geschehen, jedoch unter Vergleichung der Kosten des Beweisverfahrens, zu verurtheilen sei. Denn: die der Klage zum Grunde gelegte und zum Beweis verstellte angebliche Aeußerung des Beklagten enthalte die Anschuldigung eines von dem Kläger begangenen Ehebruchs; der unternommene Beweis sei lediglich in Bezug auf diese Thatsache zu beurtheilen und desfalls nur bis zum Reinigungseid erbracht; die Berücksichtigung sonstiger, aus der Beweisführung hervorgehender etwaiger Aeußerungen des Beklagten, welche den Kläger in ein ungünstiges Licht stellten, und auf ein vertrauliches Verhältniß desselben zu einem dritten Frauenzimmer hindeuteten, werde dadurch allein, daß sich diese selbstständigen Beleidigungen im Vergleich mit der libellirten Thatsache als ein minus auffassen ließen, nicht gerechtfertigt.

Als nun das Stadtgericht zur Ableistung des Reinigungseides einen Termin auf den 23sten November 1842 anberaumt hatte, trat der Kläger am 21sten November mit einem Gesuch um Restitution wider den Ablauf der Beweisfrist hervor, weil er vier neue Zeugen (H..st, M.r., D. und K.) entdeckt habe, erwirkte die Aufhebung des Termins, wurde jedoch mit dem Gesuch durch die Erkenntnisse vom 16ten September 1843, 18ten Juni 1844, und 27sten September 1844 zurückgewiesen, da die prätorische Rechtswohlthat der Restitution wider den Ablauf der Beweisfrist cessire, sobald ein rechtskräftiges Erkenntniß über das Resultat der Beweisführung erfolgt sei.

Das Stadtgericht ordnete nunmehr einen neuen Schwörungstermin auf den 23sten October 1844 an, den es in

Folge einer Bitte des Klägers auf den 23sten November 1844 verlegte. Schon am 7ten November trat jedoch der Kläger mit dem außerordentlichen Rechtsmittel der Wiedereinsetzung in den vorigen Stand hervor. Gegründet ist dasselbe auf zwei Notariatsinstrumente d. d. Goslar 13ten October 1844 und Stolberg 30sten October 1844, aufgenommen über die Aussagen des H..st und M..r. Aus diesen soll hervorgehen:

1. daß Kläger neue schriftliche Beweise entdeckt habe, welche den früher von ihm geführten Beweis bis zum Erfüllungseide ergänzten. Auf diesen ist der Antrag gerichtet.

2. Daß das frühere Erkenntniß auf den Grund eines absichtlich falschen Zeugnisses von Seiten des ersten und zweiten Zeugen (C. L., M.) ergangen sei. Die Einleitung einer Criminaluntersuchung und einstweilige Aussetzung des Civilverfahrens wird daher eventuell zum richterlichen Ermessen verstellt.

Kläger hat sich zum Restitutionseid [1]) erboten und deducirt das Einhalten der dreimonatlichen Frist zur Nachsuchung der Restitution [2]) aus einer Vergleichung der Data, an welchen die Notariatsinstrumente ausgestellt und sein Gesuch überreicht worden. Nach eingegangener Erklärung des Beklagten wurde dasselbe in erster Instanz am 21sten November 1844 cum expensis verworfen, ein neuer Schwörungstermin auf den 11ten December anberaumt, und wider den am 28sten deff. insinuirten Bescheid vom Kläger am 10ten December 1844 das Rechtsmittel der Appellation eingewandt. Dieser ward durch Decret vom 11ten December der Suspensiveffect abgeschla-

---

1) Pr. O. §. 153. Abs. 3.

2) Pr. O. §. 154.

gen und ein neuer Schwörungstermin auf den 30sten December angeordnet, eine Verfügung, welche die Königl. Justizcanzlei unterm 20sten December wieder aufgehoben hat [1]). Die klägerische Appellation ist mit der Bitte um Restitution wider den Ablauf des fatale interponendi zeitig eingeführt und gerechtfertigt, allein nach eingegangenen Voracten durch Bescheid vom $\frac{\text{28sten Februar}}{\text{5ten März}}$ 1845 unter Verurtheilung in die Kosten der Instanz verworfen. Hiegegen sind am 15ten März Rechtsmittel im Allgemeinen eingewandt, von solchen am 4ten April das der Supplication gewählt, und nach zweimaliger Fristerstreckung am 4ten Juni 1845 mit der Bitte um Actenversendung gerechtfertigt, welcher Bitte, nachdem unterm 10ten August die Vernehmlassung des Supplica-

1) Mit Recht. Denn aus der Eidesleistung des Beklagten würde dem Kläger ein unersetzlicher Schaden hervorgehn, Pr. O. §. 155. Abs. 1. Und zwar deshalb, weil nach Pr. O. §. 105. z. E. die wegen des freiwilligen Eides ertheilten Vorschriften auch bei dem nothwendigen zur Anwendung kommen, insoweit sie den für diesen gegebenen speciellen Bestimmungen nicht widersprechen. Da nun der in l. 31. D. de jure jurando 12, 2. enthaltenen Vorschrift, daß der nothwendige Eid durch später von dem Besiegten entdeckte neue Beweismittel entkräftet werden könne, weder in §. 103—105. noch in §. 153. der Pr. O. gedacht ist, so ergiebt sich hieraus, daß der für den freiwilligen Eid geltende Rechtssatz, daß er nur durch Meineidsbeweis sich entkräften lasse, §. 101. der Pr. O., nach Hannoverschem Recht auch auf den nothwendigen anzuwenden ist. Nach Ableistung des Reinigungseides von Seiten des Beklagten würde also der Kläger nur dann noch obsiegen können, wenn der Beklagte in einer wider ihn eingeleiteten Criminaluntersuchung zu überführen wäre, einen Meineid geschworen zu haben, Pr. O. §. 153. Nr. 3., und folglich das klägerische, auf die in §. 153. Nr. 1 und 2. verzeichneten Fälle gegründete Gesuch um Restitution durch die beklagtische Eidesleistung sofort seinen Gehalt verloren haben.

ten eingegangen war, unterm 13ten September 1845 entsprochen ist.

B. Rechtliche Beurtheilung.

Die Formalien der Supplication sind gewahrt. Ebenso die der Appellation, mit Ausnahme des fatale der Einwendung. Hiegegen ist nach Lage der Sache die erbetene Restitution zu ertheilen, wenn die Beschwerden materiell begründet sind. Sie betreffen die Verwerfung des Restitutionsgesuchs, sodann der Appellation, beidemal die Verurtheilung in die Kosten. Zu dem Ende muß die Zulässigkeit des außerordentlichen Rechtsmittels der Wiedereinsetzung in den vorigen Stand allseitig geprüft werden.

1. Die Zuständigkeit des Gerichts. Nach dem Grundsatz par majorve potestas plus valeto gestattete das römische Recht, daß der höhere Magistrat gegen die Erkenntnisse des niederen, der coordinirte gegen die des coordinirten, nie aber daß der niedere gegen die des höheren Restitution ertheilte [1]). Von selbst versteht es sich, daß jeder Magistrat die Befugniß hat, gegen die eigenen Urtheile zu restituiren [2]). An diesen Rechtssätzen ist dadurch, daß heutzutage jedem Richter die Restitutionsgewalt zusteht, nichts geändert. Wohl aber ward zur Zeit des deutschen Reichs in der Praxis darüber gestritten, ob das Rechtsmittel der Restitution Devolutiveffect habe, bis ein conclusum pleni des Reichskammergerichts vom 7ten April 1702 in Sachen Grawinkel wider Stift Bielefeld [3]) sich für die verneinende Antwort entschied und der Praxis in-

---

1) l. 18. pr. D. de minor. 4. 4.

2) l. 16. §. 5. D. eod.

3) Erwähnt bei Lauterbach coll. th. pr. l. 49. t. 8. §. 9. not. m.

soweit eine bestimmte Richtung gab. Ueber die seltener zur Anwendung kommende Restitutionsbefugniß coordinirter Gerichte ist damit noch nicht entschieden, in keiner Weise aber der Rechtssatz, daß der niedere Richter gegen die Urtheile des höheren Restitution zu ertheilen keine Gewalt habe, abgeändert worden. Die neueren Particularprozeßgesetzgebungen haben theils den Grundsatz ausgesprochen, daß die Restitution stets bei dem Richter nachzusuchen sei, welcher das Erkenntniß gefällt habe, und coordinirten Gerichten die gemeinrechtlich zustehende Befugniß zur Restitution ausdrücklich oder stillschweigend genommen, theils weitergehend die Restitutionsgesuche unbedingt an den Richter erster Instanz verwiesen. In die letzte Classe gehört die Baiersche [1]), Oesterreichische [2]), Preußische [3]), Mecklenburgische [4]) und Herzoglich Sächsische [5]), in die erste dagegen die Französische [6]), Badensche [7]) und Bremensche [8]) Gesetzgebung, nicht minder auch die Ordnungen für die höchsten Gerichte zu Lübeck [9]) und Wolfenbüttel [10]), indem sie die Frage, ob Restitution zu ertheilen sei, zur Cognition der Gerichte, von denen die Erkenntnisse ausgegangen sind, verstellen, die weitere Verhandlung aber an die Gerichte erster Instanz verweisen. Auch soll in Bun-

1) Codex juris Bavar. judic. d. a. 1753. c. 16. §. 1. 4to.

2) Hofdecret vom 1sten Febr. 1782, N. 33.

3) A. G. O. Tit. 16. §. 18.

4) Rechtsmittelgesetz vom 20sten Julius 1840. §. 54. Nr. 1.

5) O. A. G. O. 1817 §. 26.

6) Code de procédure civile art. 490. 491.

7) Pr. O. 1831 §. 1251.

8) G. O. 1820 §. 524.

9) Ordnung für das O. A. G. der vier freien Städte Deutschlands §. 182. S. 95 der A. von Blume.

10) G. O. 1835 §. 114.

des = Austrägalsachen über die Zulässigkeit der Restitution der Gerichtshof erkennen, welcher die Entscheidung in der Sache gefällt hat [1]). Diesen, von der bisherigen Praxis des gemeinen Rechts am wenigsten abweichenden Grundsätzen schließt sich die Prozeßordnung für die Untergerichte [2]) an. In der Vorschrift, daß das Rechtsmittel der Wiedereinsetzung in den vorigen Stand bei dem (gesperrt gedruckt im Gesetz, wie im Entwurf) Untergericht angebracht werden müsse, von welchem das Erkenntniß in erster Instanz abgegeben sei, ist nur bestimmt, daß ein coordinirtes (Unter=) Gericht gegen die Urtheile des coordinirten nicht restituiren dürfe, nicht aber, daß gegen in höherer Instanz ergangene Urtheile Restitution in erster Instanz nachzusuchen sei. Für die letzte Auffassung ist das Recht der Parteien auf drei Instanzen nicht entscheidend: denn dieses Recht existirt nicht in dem Sinn, daß über jede durch einen Rechtsstreit herbeigeführte Frage von drei in einem Subordinationsverhältniß stehenden Gerichten gesprochen werden müsse. Ebenso wenig der Rechtssatz, daß die Restitution als eine neue Klage zu betrachten sei [3]): denn die sofortige Anbringung einer solchen bei einem höhern Gericht steht damit nicht in Widerspruch. Entscheidend dagegen für die erste Auffassung ist der Umstand, daß die Prozeßordnung das gerichtliche Verfahren durchgängig nur insoweit normirt, als dieses vor den Untergerichten Statt hat, und mithin Bestimmungen über Rechtsmittel gegen in höherer Instanz ergangene Erkenntnisse in dem Gesetz überall nicht erwartet werden dürfen. Dieselben Grund=

1) Bundesschluß vom 3ten August 1820 art. 7.

2) §. 155. Abs. 1.

3) Pr. O. §. 157.

sätze sind in einem gleichen Falle von einer Kgl. Justizcanzlei und dem Kgl. O. A. G. zu Celle unterm 2ten October 1829 zur Anwendung gebracht worden [1]), und ein tristiger Grund, von der klaren Vorschrift des römischen Rechts [2]) abzuweichen, ist weder für die Praxis, noch für eine neue Gesetzgebung vorhanden, da der Unterrichter nur zu leicht in den Fall kommen kann, Restitution gegen ein Erkenntniß zu ertheilen, dessen Gründe in vollem Umfang ihm nicht bekannt sind, was zur Folge hat, daß, wenn die Sache auf dem Wege devolutiver Rechtsmittel von Neuem an den Oberrichter gelangt, dieser oftmals das frühere Erkenntniß wiederherstellen und so erst auf einem Umweg das durch sofortige Anbringung des Restitutionsgesuches beim Oberrichter zu gewinnende Resultat erreicht wird. — Demzufolge erscheint das Stadtgericht an sich nicht competent, über die Frage zu entscheiden, ob gegen das Erkenntniß des O. A. Gerichts vom 19ten September 1842, welches den von dem Untergericht und von der Kgl. Justizcanzlei, wiewohl mit veränderter Fassung, dem Kläger zuerkannten Erfüllungseid in einen von dem Beklagten abzuleistenden Reinigungseid umwandelte, das außerordentliche Rechtsmittel der Wiedereinsetzung in den vorigen Stand stattnehmig sei. Das Gericht war vielmehr, da es beim Anfange eines Rechtsstreits seine Competenz zu prüfen und keine Sache anzunehmen hat, welche zu seiner Entscheidung nicht gehört [3]), verbunden, das Gesuch des Klägers sofort zurückzuweisen und es diesem zu überlassen, dasselbe, insofern er sich getraute, damit durchzu-

1) Jurist. Zeit. f. Hannover 1833 H. 1. S. 150—152.

2) l. 18. D. de minor. cit.

3) Pr. O. §. 2.

kommen, bei dem O. A. Gericht anzubringen. Dieser Mangel an Zuständigkeit von Seiten des Stadtgerichts ist indessen im vorliegenden Fall dadurch geheilt, daß der Beklagte, ohne die Incompetenz des Gerichts zu rügen, sich auf das Restitutionsgesuch eingelassen, und dadurch eine freiwillige Prorogation des Gerichtsstandes herbeigeführt hat [1]).

2. Die Gründe der Wiedereinsetzung in den vorigen Stand.

Bei dem Vorhandensein einer justa causa ertheilte der Prätor auch wider rechtskräftige Urtheile Restitution. Dasselbe geschah in Folge kaiserlicher Constitutionen, wenn das Urtheil auf den Grund verfälschter Urkunden oder bestochener Zeugen gefällt, oder der Sachwalt einer Partei nach dem Spruch der Prävarication überführt, endlich wenn dieser nach Ableistung eines vom Richter auferlegten Eides ergangen war und der Besiegte neue Beweismittel aufgefunden hatte. Nova für sich allein berechtigten nie zur Restitution [2]). Dieselben Grundsätze, jedoch unter Ausdehnung der Rechtswohlthat Minderjähriger auf Kirchen und milde Stiftungen, enthält das canonische Recht [3]), und bei den italienischen [4]), wie den ältern deutschen [5]) Praktikern findet sich eine Spur des Satzes, daß nova allein das Rechtsmittel der Restitution zu be-

---

1) Pr. O. §. 4.

2) l. 35. D. de re judicata. 42. 1. — l. 4. C. eod. 7. 52. — l. 7. C. de juris et facti ign. 1. 18.

3) cap. 20. 21. X. de sent. et re jud. 2. 27.

4) Tancred. O. J. p. 276. p. 305 fgg. ed. Bergman. Durant. Spec. lib. 2. p. 3. t. de rest. in int. S. 524 fgg. ed. 1612.

5) Perneder gerichtl. Prozeß 4. a. 1546. fol. 90 fgg. Termineus gerichtl. Prozeß. 1565. p. 223.

gründen vermögen, überall nicht. Gleichwohl muß derselbe schon frühzeitig bei dem Reichskammergericht, vielleicht in Folge mißverstandener Stellen der Hülfsrechte, zur Anwendung gebracht sein. Denn die Ordnungen des Gerichts enthalten schon in der ersten Hälfte des 16ten Jahrhunderts [1]) Klagen über Mißbrauch, und der G. B. vom 7ten Juli 1669 verlangt, daß dasselbe „auf in facto emergirende neue dienlich und erhebende Umstände, oder zur Hand gebrachte Urkunden, briefliche Schein und documenta, von welchem neuen Einbringen die Partei vorhero keine Wissenschaft gehabt oder selbiges zu der Sachen dienlich zu sein nicht vermeint,“ basirt werden solle, erkennt mithin die neuen Thatumstände und schriftlichen Beweismittel für sich allein schon als Gründe an, durch welche Restitution wider rechtskräftige Urtheile erlangt werden könne. Die angeführten reichsgesetzlichen Verordnungen behandeln jedoch das Rechtsmittel nur als ein reichsgerichtliches, keineswegs als ein Rechtsmittel des gemeinen Prozeßrechts. Und wenn gleich die Reichsgesetze die Vorschrift enthalten, daß der Territorialprozeß, soweit thunlich, sich nach dem Muster des reichsgerichtlichen bilden solle, so folgt daraus noch keineswegs, daß jede Vorschrift des Reichsgerichtsprozesses in den einzelnen Ländern Anwendung gefunden habe, die Anwendung ist vielmehr in jedem Fall besonders nachzuweisen. In Sachsen wird dieses Rechtsmittel überall nicht zugelassen [2]). Auch für das nördliche Deutschland wird man sich vergebens bemü-

1) C. G. O. (materiell richtiger: Vis. A.) 1533. I. §. 5. C. G. O. 1555. p. 3. t. 52.

2) Erl. Pr. O. ad tit. 37. Vergl. Kind. Qu. for. ed. 2. t. 3. c. 99., und sonstige Sächsische Prozeßgesetze über diese Frage bei Kori Sächs. Pr. §. 188b. not. 1.

hen, Beweise desselben aufzufinden. In Oldenburg ist das außerordentliche Rechtsmittel der Wiedereinsetzung gegen rechtskräftige Urtheile nie recipirt worden [1]), in Mecklenburg kennt man zwar das remedium in integrum restitutionis, allein nur als ordentliches, nicht devolutives Rechtsmittel [2]). In gleicher Weise haben sämmtliche ältere hannoversche Prozeßordnungen die Restitution, nur als ordentliches Rechtsmittel, welches, abgesehen von den bei dem O. A. G. in erster Instanz gesprochenen oder solchen gleichstehenden Erkenntnissen, auf nova zu stützen sei, anerkannt [3]). Wenn daher die Prozeßordnung für die Untergerichte die Restitution als außerordentliches Rechtsmittel wider Urtheile zuläßt, so befolgt dieselbe insofern nicht die frühere Landespraxis, sondern die Lehre der neuern Prozessualisten, welche das reichsgerichtliche Institut irrthümlich für ein Rechtsmittel des gemeinen Rechts ausgeben. Der in Frage stehende §. 153. Nr. 1. der Pr. O. ist nämlich fast wörtlich aus Gönners Entwurf eines Gesetzbuches über das gerichtliche Verfahren in bürgerlichen Rechtssachen [4]) entnommen, jedoch mit der wesentlichen Modification, daß als Beweismittel nur schriftliche zugelassen sind. Dieses Zurückgehen auf die von der

---

1) Archiv f. Oldenb. Recht. 1843. Bd. 1. H. 2. Nr. XVIII.

2) Trotsche Mater. z. M. C. Pr. §. 200.

3) Die Belege bei Pufendorf Proc. civ. P. 4. c. 4. und daraus bei Oesterley Hann. Proz. Bd. 2. §. 267. 268. Vergl. auch die in Strube's R. B. von Spangenberg Bd. 3. S. 400—403 angeführten Schriften. Ob ein bei Wilh. v. Pufendorf, Observationen Nr. 13. S. 76, angeführtes Präjudiz des O. A. G. von 1835 mit der obigen und den ferneren Ausführungen in Einklang oder Widerspruch stehen, läßt sich bei der Kürze der Angabe nicht beurtheilen.

4) Bd. 1. Erlangen 1815. B. 4. C. 3. §. 1. Nr. 2—6.

Praxis der Reichsgerichte und sonst, deshalb, weil in dem durch G. B. vom 7ten Juli 1671 normirten Restitutionseide nur vom „neuen Einbringen" die Rede sei, mit Unrecht verlassene Vorschrift des reichskammergerichtlichen Gemeinbescheides von 1669, mithin der Ausschluß des Zeugenbeweises in der Restitutionsinstanz, berücksichtigt das gemeinrechtliche Verbot der Vernehmung neuer Zeugen nach Eröffnung des Rotulus, hat erhebliche prozeßpolitische Gründe für sich, und ist den neuern Prozeßordnungen [1]) conform. Wenn daher der Kläger die Ansicht hat, daß es auf das Erforderniß der Schriftlichkeit bei den Beweismitteln nicht ankomme, und sich hiefür darauf beruft, daß in §. 153. Nr. 1. Abs. 2. nur von Thatumständen oder Beweismitteln die Rede sei, so übersieht er die in Uebereinstimmung mit Abs. 1. abgefaßte, in Abs. 3. enthaltene, auf schriftliche Beweismittel gerichtete Eidesformel, und den Umstand, daß Abs. 2. aus Gönner wörtlich entnommen ward, bei der Redaction aber vergessen zu sein scheint, die erforderlichen Veränderungen [2]) vorzunehmen. Prüft man nun demzufolge:

a. Die producirten, über die Aussagen des H st. und M.r. aufgenommenen Notariatsurkunden, so sind dieselben zwar als solche zu den schriftlichen Beweismitteln zu zählen, allein in dieser Eigenschaft für den vorliegenden Rechtsstreit ohne Beweiskraft. Denn Zeugen beweisen, nach bekannten, auch in der Prozeßordnung [3]) anerkannten Rechtsgrundsätzen, nur dann, wenn sie nach vorgängiger Beeidi-

1) z. B. A. G. O. f. Preußen Tit. 16. §. 26.

2) Auch dem Wort „beweisen" war nach §. 156. „bescheinigen" zu substituiren.

3) §. 69 — 77.

gung vor dem Richter, nicht aber, wenn sie unbeeidet vor Notar und Zeugen, ihre Aussagen gemacht haben: und eine nochmalige richterliche Vernehmnng derselben ist obiger Ausführung zufolge in der Restitutionsinstanz unstattnehmig. Die Frage, ob die für die Restitution angeordnete [1]) Zeitfrist eingehalten sei, stellt sich hiernach in Ansehung der producirten schriftlichen Beweismittel als irrelevant, hinsichtlich der denominirten Zeugen als unzulässig dar.

b. **Auf neue Thatumstände** das Restitutionsgesuch stützen zu wollen, hat der Kläger nicht ausdrücklich erklärt. Da indessen seiner Einführung der Restitution zufolge der gesammte Inhalt der Notariatsdocumente als integrirender Theil seines Vortrags angesehen werdensoll, so ist anzunehmen, daß er von neuen, darin etwa enthaltenen Thatumständen Gebrauch machen wollte. Daß auch für sie nur schriftliche Beweismittel zulässig seien, hat Spangenberg [2]) aus dem Umstande geschlossen, daß auf den Wunsch der Stände, zu verfügen, daß zum Beweis bloß neu entdeckter Thatumstände man sich **jeder** sonst zulässiger Beweismittel bedienen könne, keine Rücksicht genommen sei, und seiner Ansicht sind die Landesgerichte mehrfach gefolgt [3]). Allein jene Nichtberücksichtigung hat offenbar darin ihren Grund, daß sich die Zulässigkeit sämmtlicher Beweismittel in allen Fällen von

---

1) §. 154.

2) Commentar zur Pr. O. Thl. 2. S. 228. 229.

3) So das Stadtgericht zu Göttingen unterm 18ten Juni 1833, ein Bescheid, welcher von Kgl. J. C. daselbst am 11ten Febr. 1834 und, nach eingeholtem Spruch von der Juristenfacultät zu Heidelberg, am 5ten Januar 1835 bestätigt ward. Vgl. auch Jur. Zeitg. 1843. H. 1. S. 12.

selbst versteht, wo nicht ausdrücklich eine Beschränkung gemacht ist. Zu einer solchen fehlt es aber bei neuen Thatumständen an den Motiven, welche für eine Beschränkung auf schriftliche Beweismittel in Ansehung der in den frühern Verhandlungen bereits vorgekommenen Thatumstände vorhanden sind. Sodann hat der Umstand, daß unter den zur Begründung eines Restitutionsgesuches vorgeschriebenen Erfordernissen [1]) „die Vorlegung der neu aufgefundenen schriftlichen Beweise" genannt wird, für die aufgeworfene Frage keine Bedeutung, weil dieses Erforderniß offenbar nicht für alle Restitutionsgründe aufgestellt werden sollte. Die Behauptung endlich [2]), daß der Ausschluß der Eideszuschiebung über die neu entdeckten Thatumstände schon der früheren Praxis gemäß sei, wird durch die Berufung auf Hageman [3]) überall nicht bewiesen, da dieser nur sagt, daß die Eidesdelation als solche — mithin über bereits früher in den Acten vorgekommene Thatumstände — nicht als novum zu betrachten sei. Mit Recht ist daher unterm 18ten October 1842 vom Königl. O. A. G. [4]) die Ansicht adoptirt, daß zur Bewahrheitung neuer Thatumstände auch nichtschriftliche Beweismittel zulässig seien. — Faßt man nun die in der Beweisinstanz erfolgte Benennung der einzelnen Personen, gegen welche sich Beklagter, wie im Beweisinterlocut angegeben, geäußert haben soll, als eine Angabe der Thatsachen (Beweisgründe) auf, welche durch die Abhörung der Zeugen (Beweismittel) dargethan werden sollen, um dem Beweis-

---

1) Pr. O. §. 156.

2) Spangenberg a. a. O. S. 231. Not. 2.

3) O. A. G. O. S. 186. n. 2.

3) Jur. Zeitg. 1843 H. 1. S. 15.

thema Genüge zu leisten, so wird die nunmehrige Behauptung, daß der Beklagte auch gegen M.r. am 28sten April 1838 sich dahin geäußert: „er, der Beklagte, habe am Abend zuvor den Kläger, welcher häufig ehebreche, bei einer solchen That ertappt," als ein neuer Thatumstand (Beweisgrund) sich darstellen. Daß Kläger denselben schon bei seinem Restitutionsgesuch vom 11ten November 1842 gekannt haben müsse, ergiebt sich daraus, daß er den M.r. damals als Additionalzeugen vorschlug, noch nicht, vielmehr kann Kläger erst sehr wohl durch die notarielle Abhörung des M.r. davon Kenntniß erhalten haben. Der Ablauf der zur Bitte um Restitution vorgeschriebenen Frist liegt daher nicht erwiesen vor. Die Zulassung zum Restitutionseid ist jedoch bedingt durch die Relevanz der neuen Thatsache und deren Beweis. Relevant ist dieselbe insofern, als durch ihr Hinzutreten die Umwandlung des Reinigungs= in einen Erfüllungseid sich rechtfertigen würde. Bewiesen werden kann die Thatsache aber nur durch das Zeugniß des M.r. Abgesehen nun von den etwaigen Einreden wider die Person des Zeugen, so hat dessen alleinige eidliche Bejahung an sich nicht mehr Bedeutung, als die eidliche Verneinung des Beklagten. Daher wird durch den dem Beklagten in Betreff der wider mehrere Personen angeblich gemachten Aeußerungen auferlegten Reinigungseid auch das mögliche Gewicht jener Zeugenaussage, und so der Grund zur Abhörung beseitigt.

c. Es bleibt übrig, zu untersuchen, ob die Notariatsurkunden Anlaß zu einer, wider den ersten und zweiten Beweiszeugen wegen absichtlich falschen Zeugnisses einzuleitenden Criminaluntersuchung darbieten. Der Umstand, daß der Zeuge H.st. früher in dem Rechtsstreit vernommen ward, that der Zulässigkeit seines Zeugnisses keinen Abbruch, da seine Vernehmung einen, dem Beklagten obliegendem, derzeit nicht zur Beurtheilung stehenden, Beweis betraf. Ebenso wenig kann nach der unter b. ersichtlichen Ausführung die Zeitfrist für die Restitution als abgelauffen betrachtet werden. Anlaß zur Einleitung einer Untersuchung liegt jedoch weder in der Aussage des H.st., noch der des M.r. Jener behauptet, von dem ersten und zweiten Zeugen gehört zu haben, daß der Beklagte den Kläger und die Julie D. erwischt haben wolle. Bei der Zweideutigkeit dieses Ausdrucks läßt sich jedoch nicht annehmen, daß diese angebliche Mittheilung den eidlichen Depositionen der Zeugen widerspreche. Dieses ist indessen in Ansehung der Aeußerungen der Fall, welche M.r. aus dem Munde beider Zeugen vernommen haben will. Es folgt jedoch daraus nur, daß diese in ihren außergerichtlichen Mittheilungen über die vom Beklagten wider Kläger ausgesprochenen Anschuldigungen variirt haben sollen, nicht aber, wie schon in dem Canzleibescheide bemerkt ist, daß ihre eidliche Aussage vor Gericht absichtlich wahrheitswidrig gewesen sei.

Bei dem Ungrunde der Beschwerden des Klägers bedarf dessen Verurtheilung in die Kosten der Supplicationsinstanz, mit Einschluß der Actenverschickungsgebühr, keiner weitern Rechtfertigung.

Druckfehler.

Seite	9	Zeile	16	statt ein lies im
—	35	—	9	st. auslegung l. Auslegung
—	49	—	20	st. regnoscirt l. agnoscirt
—	—	—	26	(jedoch mit Ausnahme). Die Worte gehören vor (Z. 23) „der Actenversendung;" die Klammern zu streichen.
—	57	—	28	st. Feldmerk l. Feldmark
—	60	—	11	st. dem l. den
—	—	—	14	st. beweißt l. beweist
—	62	—	15	st. Grnnd l. Grund
—	120	—	1	st. derselbe l. derselben
—	158	—	6	st. 1845 l. 1843

Zusatz zu S. 37. 38.

Vergleiche Sammlung der Erkenntnisse des O. A. G. zu Lübeck. Hamburg 1845. B. 1. H. 2. S. 207. 208: „Da es in den Fällen, wo von der Wissenschaft eines Umstandes die Verpflichtung zur Vornahme einer rechtlichen Handlung abhängt, für die rechtlichen Folgen gleichgültig ist, ob Jemand etwas gewußt hat, oder durch Negligenz solcher Wissenschaft entbehrte, indem sonst die Negligenten besser daran wären als die Diligenten." — Ebendaselbst S. 237. 238. „Die bona fides, welche die Grundlage aller Handelsgeschäfte sein muß, bringt es mit sich, daß es dem einen Contrahenten nicht gestattet werden kann, sich in die Lage zu setzen, daß er sein künftiges Benehmen und die Billigung oder Mißbilligung der von dem andern Theile ergriffenen Maaßregeln, nach dem Ausfalle des Geschäftes einzurichten im Stande ist, während er den andern Contrahenten entweder über den einzuschlagenden Weg in Ungewißheit läßt, oder ihm wohl gar zu einem Verfahren Anlaß giebt, wozu er sich bei einer ihm gewordenen klaren und festen Erklärung nimmermehr entschlossen hätte."

FSC
www.fsc.org
MIX
Papier | Fördert gute Waldnutzung
FSC® C083411

Kolibri 360 GmbH
Ferdinand-Jühlke-Straße 7
99095 Erfurt, Deutschland
produktsicherheit@kolibri360.de